Erik Graff

OS og KOSMOS

Andre bøger af denne forfatter:

ALTINGS OPHAV – 2014

Forstå dig selv og verden med SELVINDSIGT – 2008

Hvem, hvad, hvor er GUD? - 2003

Erik Graff

OS og KOSMOS

OS og KOSMOS

Redigering: Carsten Graff
Omslagsfoto: ESA/HUBBLE Pillars of Creation
Forlag: BoD - Books on Demand, Hellerup, Danmark
Tryk: BoD - Books on Demand, Norderstedt, Tyskland
ISBN: 9788743057932

Indhold

Indledning
Verdens tilstand 2024

Udviklingen

De seneste tre årtier har verden oplevet en usædvanlig, eksponentiel udvikling inden for teknologi og videnskab, som bl.a. har ført til mange gennembrud i vores viden om universet, og resulteret i at 90 % af verdens befolkning over 6 år i dag har en mobiltelefon. Det har samtidig betydet, at store dele af verdens befolkning har fået mulighed for at lære om den planet vi bor på, og om det univers, den er en lille bitte del af. Det er om dette fantastiske univers og vores eksistens på denne dejlige planet, denne bog handler om - men først bør du kende den tilstand, vores planet, Jorden, befinder sig i.

Problemerne

Apropos verdens befolkning, så var befolkningstallet i 1924, ca.1,9 milliarder. I dag, 2024, er befolkningstallet ca. 8,1 milliarder, altså over 4 gange så stort på blot 100 år. Det er den væsentligste forklaring på verdens klima- og biodiversitetskriser. Derfor bør alle stater, der bidrager til denne udvikling, snarest muligt indføre en familiepolitik til begrænsning af børnetallet, og kvinder verden over bør uddannes og bemyndiges til at have kontrol over familie-planlægningen. Det er en opgave FN ufortøvet bør tage op.

Den hurtigt voksende population af mennesker har, ud over udledning af drivhusgasser, medført stærkt forøget forbrug af ressourcer, miljø-forurening og påvirkning af planetens bio-diversitet. På globalt plan er omkring en million plante- og dyrearter i dag truet af udryddelse. Den samlede masse af vilde pattedyr svarer i dag til mindre end 25 % af den samme masse, før mennesket begyndte at kolonisere planeten, og insekter forsvinder også hurtigt mange steder.

Problemerne, der alle er knyttet til befolk-ningstilvækst og menneskeligt forbrug, vil blive forværret i løbet af de kommende årtier, og skaden derved, som vil kunne mærkes i flere århundreder, truer overlevelsen af alle arter, heriblandt vores egen. Jordens fremtidsudsigter er således værre, end de fleste er klar over. Manglende erkendelse af problemernes omfang er derfor både naivt og farligt.

Dommedag nu

De ekstreme vejrfænomener, verden har oplevet i de seneste år, antyder at klimaet nu er begyndt at ændre sig til det værre. I så fald vil kun en hurtig og helhjertet indsats fra alle FN's medlemsstater, med opbakning fra teknologi og videnskab, kunne afværge at nuværende klima- og biodiversitetskriser udvikler sig katastrofalt. Hvis det bliver tilfældet må stort set alle befolkningsgrupper over hele Jorden indstille sig på, at ekstreme vejrsituationer vil øges i omfang og gøre store områder ubeboelige pga. ørkendannelser, oversvømmelser og skovbrande Dette vil igen resultere i øgede flygtningestrømme og øgede væbnede konflikter. Det er derfor nødvendigt, at medlemsstaterne hurtigst muligt giver FN de nødvendige beføjelser til at imødegå en sådan udvikling, og at alle stater efterlever de krav dette måtte medføre.

Kort historik

Siden finanskrisen i 2008 har verden befundet sig i politisk-økonomisk ustabilitet, på grund af manglende konsensus mellem stormagterne om den globale orden. Et af resultaterne heraf er de manglende handlinger til at løse verdens mest påtrængende problem – klimaforandringerne.

I 2015 fastsatte FN 17 verdensmål for bæredygtig udvikling, som medlemsstaterne har forpligtet sig til at indfri inden år 2030. Heraf er de fire vigtigste at bremse klimaforandringerne, skabe bæredygtig vækst, afskaffe fattigdom og stoppe sult.

I slutningen af 2019 og begyndelsen af 2020 gjorde pandemien COVID-19 sit indtog og lammede hele verden, og dermed også kampen mod klimaændringer. Den blev i 2022 afløst af Ruslands brutale krigsforbrydelser mod Ukraine – en krig med titusindvis af militære og civile ofre, som fortsat pågår, og som skader kampen mod klimaændringer.

På COP 28 – Forenede Nationers Klimakonference i Dubai fra 30.11 til 12.12.2023 stod det klart, at fremskridt på alle klima-handlingsområder var utilstrækkelige til at reducere drivhusgas udledninger og modvirke klimaændringer. Derfor besluttede medlemsstaterne at øge indsatsen på alle fronter mod 2030.

FN's rolle

Forenede Nationer blev dannet af 51 stater efter 2. verdenskrig i 1945, og afløste Folkeforbundet fra 1919 efter 1. verdenskrig. FN har i dag 193 medlemsstater, og er en verdensorganisation, der har til formål at bevare den internationale fred og sikkerhed, samt skabe et forum for internationalt samarbejde og fremme skabelsen af venligtsindede relationer nationer imellem. FN spiller en vigtig rolle i international udviklingspolitik, miljøsamarbejde og kampen for menneskerettighederne.

I 2020 var 52 af FN's medlemsstater styret af en diktator eller af et autoritært regime - heraf 3 i Latin- og Sydamerika, 27 i Asien og

Mellemøsten og 22 i Afrika - som i mange tilfælde har problemer med at efterleve menneskerettighederne.

FN's opgave med at koordinere kampen mod klimaændringer på det civile område er enorm, men hertil skal lægges at trusler fra udledning af drivhusgasser forårsaget af væbnede konflikter, flygtningestrømme og befolkningstilvækst også skal medregnes, hvis opgaven skal lykkes.

Truslerne

I 2022 var der ***182 væbnede konflikter,*** heraf 52 statslige konflikter, dvs. mellem stat og ikke statslige aktører (iflg. UCDP), og ***antallet af krigsrelaterede dødsfald var omkring 1,2 millioner*** (iflg. Worldometer). De største krigshandlinger (med over 10.000 dødsfald), finder i dag sted i Ukraine, Gaza-striben, Sahel-området, Sudan og Myanmar, mens hovedparten af øvrige krigshandlinger er fordelt nogenlunde ligeligt over Mellemøsten, Asien og Afrika. Dette er forventeligt, da de fleste af FN's 52 autoritære stater/diktaturer findes i disse områder, og hvoraf mange af dem er islamiske stater.

Magtbeføjelserne i diktaturstater er enten koncentreret hos en enkelt person (f.eks. konge, præsident eller militærleder) eller hos ledende grupper (f.eks. militærjunta, politisk parti eller præstestyre). Disse stater er ofte kendetegnet ved manglende politisk frihed, censur, undertrykkelse af opposition, og begrænsede borgerrettigheder, ligesom demokratiske principper som valg, ytringsfrihed og retsstatsprincipper ofte er fraværende. Som følge heraf er disse stater ofte genstand for oprør og væbnede konflikter, og af samme grund er det også dem, der bærer hovedansvaret for de flygtningestrømme verden oplever.

De fleste krigshandlinger finder, som anført, sted i Mellemøsten, Asien og Afrika. De væbnede konflikter udspilles oftest mellem autoritære regimer og minoriteter af etnisk, kulturel, sproglig eller religiøs baggrund, og er oftest et resultat af undertrykkelse.

En anden form for krigshandlinger udføres af islamistiske terrorgrupper med forskellige ideologier, mål og metoder, hvor vold og extremisme er fremtrædende. De største af disse er Hamas i Palæstina, Hisbollah i Libanon, Al Shabab i Somalia, Boko Haram i Nigeria, Taliban i Afghanistan og Al Qaida i Afghanistan med forgreninger i Asien.

FN estimerer at ***over 108 millioner mennesker er på flugt*** nu. Mere end 1 % af verdens befolkning var på flugt i 2022. Flest flygtninge kom især fra Ukraine, Syrien, Sydsudan, Afghanistan og Venezuela. Flygtninge og illegale emigranter har betydelige konsekvenser for de vestlige lande, da de udgør en økonomisk byrde til modtagelse og integration, og kræver ressourcer til uddannelse, bolig, sundhedspleje og sociale ydelser.

Ifølge FN vil ***verdens befolkning i 2024 udgøre omkring 8,1 milliarder mennesker***, og dette antal vil vokse med ca. 73 millioner mennesker om året, indtil tilvæksten skønnes at toppe på omkring 10,4 milliarder mennesker i 2080. Flere mennesker betyder større fødevare-usikkerhed, jordforringelse, plastforurening og tab af biodiversitet. Den højere befolkningstæthed øger samtidig risikoen for overbefolkning, pandemier, arbejdsløshed, boligmangel og konflikter, der kan føre til oprør, krig og terrorisme.

I 1998 anslog FN at ***16 % af Jorden's befolkning er analfabeter.*** Blandt de arabiske stater var tallet i år 2000 mere end 25 % af mændene og 50 % af kvinderne. Årsagerne hertil, i en del arabiske stater, skal søges i manglende vilje og ressourcer til uddannelse, samt imamers og mullahers indflydelse på fortolkningen af den rigide, fundamentalistiske lovreligion Islam, der giver imamerne og mullaherne status og magt i islamiske samfund, hvor de udgør en uformel del af magtapparatet, der fastholder befolkningerne i dårlig oplyst tilstand.

Et særskilt, stort problem er ***miljøforurening fra biler.*** Udstødning forurener atmosfæren med gasser, der får den globale temperatur til at stige, og som gør luften farlig at indånde. Mikroplastik fra bildæk og bremsesystemer er også en betydelig kilde til marin forurening. Det viser undersøgelser foretaget af Staffordshire University. Mikroplastik er plastikpartikler som er mindre end 5 millimeter i diameter. Hvert år bliver 100.000 ton mikroplast fra bildæk og 40.000 ton fra bremsesystemer transporteret gennem luften ud i oceanerne. I disse tal er ikke indregnet emission fra andre køretøjer, som traktorer og maskiner i byggebranchen. Ca. 50 % af et bildæk består af en blanding af naturgummi og syntetisk polymer. I havet kan mikroplast samle sig i havdyrenes gæller eller fordøjelseskanal, og påvirke dyrenes vækst, respiration og evne til at indtage føde. På land har den stadigt stigende mængde mikroplast i jorden mindsket succesraten af ormes reproduktion og afgrødernes vækst.

Vej-mikroplast kan ende fjerntliggende steder, hvor der ikke er veje og biler, som eksempelvis den nordlige polarcirkel. Her udgør den mørke mikroplast en trussel, fordi den absorberer lys, hvilket kan øge hastigheden på opvarmningen og afsmeltningen i området. Da samfundet er dybt afhængig af biler og transport samt syntetisk gummi til produktion af dæk, vil denne forureningskilde formentlig blive meget svær at få bugt med.

Øget indsats for at begrænse væbnede konflikter, flygtningestrømme, befolkningsvækst, analfabetisme og miljøforurening fra biler er derfor nødvendig for at understøtte kampen mod klimaændringer. Det er FN's opgave at koordinere de langsigtede beslutninger for at sikre Jordens fremtid, men FN's medlemsstater har ind til nu ikke formået at indfri målene. Det er at spille roulette herom. For at modvirke klimaændringerne skal FN fremover kunne dokumentere tilstrækkelige fremskridt på alle klimahandlings-områder fra 2024 og i de følgende år. Hvis det ikke bliver tilfældet, har livet på Jorden da en fremtid?

I det følgende belyses selve grundlaget for vores eksistens, set gennem videnskabens, troens og metafysikkens briller. Og meget har ændret sig. Videnskaben anskuer i dag stof, eller materie, på næsten samme måde som østens religioner, dvs. som objektgjort energi. Så har du en materialistisk opfattelse af verden, er det en illusion.

Livet har sit udspring i kosmos. Det forekommer derfor at være det rigtige sted at begynde denne beretning om *OS og KOSMOS* ved at fortælle om videnskabens opdagelser, lige fra universets skabelse til opståen af organisk liv på Jorden.

Første del
Videnskaben - om verden

Universets skabelse

Hvornår og hvordan er universet opstået, hvorledes udvikler det sig, og hvilke kræfter styrer og holder sammen på det? Disse fundamentale spørgsmål er naturvidenskaberne i dag kommet meget nærmere på at kunne besvare. Det skyldes ikke mindst de seneste årtiers eksplosive udvikling inden for alle teknologiske og videnskabelige områder, herunder nye avancerede jordbaserede teleskoper, og opsendelsen af satellitbaserede rumteleskoper som Hubble, Spitzer, Kepler, Planck, Tess, Cheops og James Webb.

Hubble blev opsendt i 1990, men er forbedret under 5 servicebesøg, seneste i 2009. Det har kastet lys over mange af astronomiens største mysterier og sendt hundredtusinder af billeder tilbage til Jorden. Disse har bl.a. hjulpet med at bestemme universets alder og størrelse og forstå hvordan galakser, stjerner og planeter dannes. Det har også observeret sorte huller og konstateret eksistensen af mørk energi.

Spitzer blev opsendt i 2003 og følger en heliocentrisk omløbsbane omkring Solen, hvor det glider væk fra Jorden med ca. 0,1 AE (astronomisk enhed) pr. år. Det har til formål at give os indblik i dele af universet, som det menneskelige øje ikke kan se. Det gør det ved at observere infrarød stråling fra de betragtede objekter, hvilket har vist os hidtil ukendte sider af universet og opdaget exoplaneter, der kredser om andre stjerner end vores egen sol.

Kepler blev opsendt i 2009, og var konstrueret specifikt til at opdage exoplaneter ved at måle på lyset fra fjerne stjerner. Når en planet i kredsløb bevæger sig ind foran stjernen, falder lysstyrken en smule. Det fald kunne Kepler registre med uhyre præcision. Fra 2009 til 2018 opdagede astronomerne, med hjælp fra Kepler, 2.600 exoplaneter.

Planck blev opsendt i 2009, og har til opgave at foretage en præcis kortlægning af den kosmiske mikrobølgebaggrundsstråling, der kan give svar på fundamentale spørgsmål om universets udvikling. Den glød af mikrobølgestråling, Planck skal kortlægge, stammer fra tiden ca. 380.000 år efter Big Bang. Tættere på universets fødsel kan forskerne ikke komme, fordi universet i disse første årtusinder var en glohed ursuppe, som lys ikke kunne trænge igennem, og der derfor ikke er noget lys tilbage fra. I marts måned 2013 kunne de første data fra Planck offentliggøres. De fastlægger med stor nøjagtighed universets alder til 13,8 milliarder år med en usikkerhed på 0,05 milliarder år, og viser, at universet består af 4,9 % almindeligt stof, 26,8 % mørkt stof og 68,3 % mørk energi

Tess blev opsendt i 2018, og afløste Kepler, som løb tør for brændstof. Tess har til opgave at udforske et område, der er 400 gange større end det, Kepler afsøgte, og det har allerede fundet tusindvis af exoplaneter.

Cheops blev opsendt 18. december 2019, og har til opgave at bestemme størrelsen af kendte exoplaneter, hvilket vil muliggøre en vurdering af deres masse, sammensætning, tæthed og dannelse. Cheops er dedikeret til at studere lyse nærliggende stjerner, som allerede er kendte for at have exoplaneter. Det gør det muligt at foretage højpræcise observationer af planetens størrelse, når den passerer foran sin værtsstjerne. Målet er at komme tættere på svaret, om der er liv på planeter, der minder om Jorden.

James Webb blev opsendt 25, december 2021, og de første videnskabelige data fra det blev offentliggjort 12. juli 2022. Det er placeret i et af Lagrange-punkterne 1,5 millioner km fra Jorden. Dette imponerende rumteleskop er det mest avancerede astronomiske instrument, der er skabt indtil nu. Det vil revolutionere vores forståelse af universet og give os et enestående indblik i universets historie og i fjerne galakser, samt hjælpe os ved at besvare nogle af de største spørgsmål om vores eksistens.

Noget om exoplaneter

Astronomerne har i flere årtier efterforsket andre solsystemer for at finde planeter, der kredser om en stjerne - såkaldte exoplaneter. I sommeren 2023 havde astronomerne kendskab til 5.438 exoplaneter, og tallet vokser hele tiden. Den intense efterforskning skyldes ønsket om at finde planeter, der kan være mulige hjemsted for intelligent liv. For at det kan være tilfældet, skal en række forudsætninger være opfyldt: 1) Det skal være en klippeplanet – ikke mindre end Mars og ikke mere end dobbelt Jordstørrelse (for at planeten kan fastholde sin atmosfære), 2) Der skal være vand i flydende form – ikke i dampform eller som fast is, 3) Planeten skal ligge i den "beboelige zone", hvor der hverken er for varmt eller for koldt, 4) Lyset fra stjernen skal være stærkt nok til at skabe fotosyntese og dermed grobund for liv. 4 % af de kendte exoplaneter er klippeplaneter, som er omtrent på størrelse med Jorden.

Astronomerne skønner, at der findes mindst én exoplanet for hver eneste stjerne. Alene i Mælkevejen er der 100 – 400 milliarder stjerner. *Et forsigtigt skøn vil være at ansætte antallet af exoplaneter i Mælkevejen, som opfylder forudsætningerne for at kunne være hjemsted for intelligent liv, til ca. 4 milliarder.* Hvis livet er opstået på bare en brøkdel af dem, kan der være rigtig mange planeter derude med intelligente væsner som os. Vi må derfor stille os selv spørgsmålet: Er Jorden almindelig, men livet unikt?

Kun få astronomer og astrofysikere, hvis nogen overhovedet, vil betvivle, at der må findes intelligent liv på planeter i andre solsystemer i universet. Den store udfordring, ved at kontakte fremmede planeter, er de store afstande i rummet. Nærmeste nabo til Solen er stjernen Proxima Centauri, 4,25 lysår væk. Et lysår er den afstand lys og anden elektromagnetisk stråling, som radiobølger, bevæger sig på et år. For at oprette kontakt mellem planeter, skal signaler derfor stiles til exoplaneter i vores kosmiske nabolag. Det internationale samarbejde om søgning efter intelligent liv i rummet har siden 1984 været forankret ved det californiske SETI Institut (Search for Extraterrestrial Intelligence).

Big Bang teorien

Ved 'Big Bang' begyndte universet at udvide sig, så temperaturen faldt. Efter ca. 380.000 år var temperaturen faldet så meget, at elektroner og protoner kunne finde sammen i atomer, og lyset kunne da bevæge sig ud i universet.

Universet udvider sig. Det betyder, at galakserne tidligere må have været tættere sammen, måske endda presset sammen til en lille, ufattelig tæt stofklump eller til et punkt med uendelig stor massetæthed, en såkaldt singularitet. Det udløste en eksplosion, der skabte både rum og tid. Heraf udspringer teorien om det store brag, Big Bang, som de fleste astronomer i dag anser for at være den bedste beskrivelse af universets udvikling.

Galakserne bevæger sig ikke gennem rummet, men ligger næsten stille i et univers, der udvider sig. Det er således rummet mellem galakserne, der bliver større og får det til at se ud som om galakserne bevæger sig bort fra hinanden. Da galakserne er under påvirkning af tyngdekraften fra andre galakser, ligger de dog ikke helt stille. Det er således tyngdekraften, der holder sammen på galaksehobene.

Galaksernes hastighed bort fra os vokser proportionalt med afstanden, men blot fordi galakserne bevæger sig bort fra os, er det fejlagtigt at tro, at vi befinder os i udvidelsens centrum. Vi havde observeret nøjagtig det samme fænomen, hvis vi havde kunnet iagttage udvidelsen fra en fjern galaksehob. Der findes ikke noget center for udvidelsen. Det kan bedst forklares ved en analogi: Universets udvidelse kan beskrives ved hjælp af en ballon, der pustes op, og hvor universet er ballonens overflade. Alle punkter på overfladen af ballonen har således været samlet i centrum, der markerer tidspunktet for Big Bang. Vi kan ikke specificere en eksakt position for Big Bang, for alle punkter på ballonens overflade repræsenterer Big Bang. De mange milliarder år gamle lys, som vi kan se i dag, stammer fra mange forskellige punkter i universet, som alle har oplevet et Big Bang.

Vi kan ikke se punkter, der er længere væk end lyset har nået at bevæge sig i universets levetid. Den radius udgør det synlige univers, men selve universet er sandsynligvis meget større. Når lyset bevæger sig gennem rummet, bliver lysets bølgelængde strakt ud af universets ekspansion; det bliver rødforskudt. Når man så vil måle hvor langt lyset har bevæget sig gennem universet, måler man lysets rødforskydning, og bruger den til at udregne den tilbagelagte afstand.

Det ældste lys, vi modtager, har derfor tilbagelagt en strækning, der er meget større end universets alder på 13,8 milliarder år. Den nuværende afstand til det fjerneste, som vi kan modtage lys fra, er næsten 50 milliarder lysår. Det skyldes at universet udvider sig mens lyset er undervejs.

Alternative teorier

Superstreng teorien

En interessant alternativ teori er Superstreng teorien. Fysikerne kan forklare hele universet ved, udover de tre rumlige dimensioner og tiden, at indføre syv usynlige dimensioner, i hvilke der vibrerer bittesmå strenge. Ifølge denne teori er strenge universets mindste byggesten, som alt er opbygget af. Strengene er usynlige, fordi de svinger i bittesmå, sammenrullede dimensioner, kaldet en Calabi-Yau-figur. Deres svingningsmønster bestemmer bl.a. partiklernes masse og elektriske ladning. Det bliver spændende at følge om teorien lader sig efterprøve engang i fremtiden.

Teorien om den indfoldede og udfoldede orden

Den amerikanske fysiker David Bohm, der var samtidig med Albert Einstein og Niels Bohr, hævder i sin bog 'Helhed og den indfoldede orden', at universet, bag den tilsyneladende fragmenterede faste struktur, er en ubrudt helhed, set som en udelt, flydende, grænseløs bevægelse, hvor det guddommelige, bevidsthed og stof – ja alting, har deres udspring. Bohm beskæftigede sig med studiet af kvantemekanikken, dvs. stoffets mest fundamentale egenskaber. Det handler om atomernes usynlige verden, og det der er endnu mindre, det subatomare niveau, helt ned til den foreløbigt mindste energimængde man har registreret, det såkaldte kvant. Bohm døde i 1992, og afsluttede kort tid forinden sit videnskabelige arbejde med manuskriptet til bogen 'Det udelte univers', der bekræfter at han mente det alvorligt med de teorier og synspunkter, han fremførte.

Ved at anvende kvanteteoriens regler på den generelle relativitetsteori til at beregne rummets nulpunkts-energi ved den korteste afstand (bølgelængde), der foreløbigt burde tages i betragtning (ca. 10^{-33} cm), fandt Bohm, at den energimængde, der indeholdes i én kubikcentimeter tomt rum, overstiger den totale energi i al materie i det kendte univers. Ifølge dette indeholder det tomme rum altså en umådelig energimængde, mens materien blot kan betegnes som noget i retning af en lille krusning på overfladen af et kæmpehav. Resultaterne af det satellitbaserede rumteleskop Plancks målinger synes, i nogen grad, at bekræfte dette. Disse målinger viser at universet består af 4,9 % almindeligt stof, 26,8 % mørkt stof og 68,3 % mørk energi.

Forudsættes det, at universet opstod ved en momentan kæmpeeksplosion i en singularitet (Big Bang teorien) for 13,8 milliarder år siden, så kan det, ud fra ovenstående synspunkt, blot betragtes som en lille krusning. På verdenshavene sker det undertiden, at myriader af små bølger tilfældigt mødes et bestemt sted, og at deres svingninger er i fase og forstærker hinanden, således at en kæmpebølge opstår; tilsyneladende ud fra næsten ingenting. På samme måde kunne man forestille sig, at der på den kosmiske energis umådelige ocean var opstået en pludselig bølgeimpuls, hvorfra vores univers blev skabt. Bølgeimpulsen ville eksplodere og blive splittet op i mindre krusninger, der spredte sig længere og længere væk, og dermed dannede vores 'udvidende univers'.

Inspireret af diskussioner med Einstein, bevægede Bohm sig ud over hvad der dengang var acceptabel filosofisk tænkning blandt fysikere. I 1959 læste Bohm en bog af den indiske mystiker Jiddu Krishnamurti, i hvilken der bl.a. står, at der ikke er noget skel mellem iagttageren og det iagttagne.

Bohm sagde herom: "Dette er jo netop én af de afgørende nye ting i kvanteteorien. Krishnamurti talte selvfølgelig om psyken, men jeg følte at der var en stor lighed". Bohm mødte Krishnamurti i 1961. Derefter begyndte de at mødes jævnligt, og lærte hinanden godt at kende. Venskabet med Krishnamurti fik Bohm til at tale mere ugenert om den helhedsfortolkning af naturen og universet, han arbejdede på. I 1970 offentliggjorde han sin første artikel om den indfoldede orden, som han kaldte det helhedsprægede niveau af virkeligheden, der ligger bag den kendte fysiske virkelighed.

Den verden vi kender fra den klassiske fysik, den materielle verden, er blot en overfladeverden. Den kalder Bohm for den udfoldede orden. Bagved ligger den indfoldede orden, som er et subtilt, enhedspræget lag af virkeligheden. Den indfoldede orden er de konkrete tings kilde og udspring. Herfra udvikles de og kommer til syne i den udfoldede orden. Det er den indfoldede orden, kvantemekanikken løfter sløret for i de mange nu velkendte paradokser, der bryder med vores klassiske forestillinger.

Gennem samtaler med bl.a. fremtrædende katolske teologer op gennem 1970érne kom Bohm frem til den overbevisning, at det dybe lag af virkeligheden, som han må ty til for at forklare kvanteparadokserne, nogenlunde svarer til det, som teologer kalder det guddommelige: Et område af virkeligheden, der er præget af helhed, som gennemtrænger alt, rummer umådelig energi og information, samt er altings kilde og udspring.

Universets skæbne?

Når vi taler om universet, beskæftiger vi os med ufattelige størrelsesforhold, energi- og stofmængder. Universets alder er 13,8 milliarder år, og radius på det synlige univers er næsten 50 milliarder lysår. Et lysår defineres som den strækning lyset tilbagelægger på et år, og da lysets hastighed er 300.000 km/s, kan et lysår beregnes til 9.460.730.472.580 kilometer.

Universet udvider sig med accelererende fart på grund af såkaldt mørk energi, som astronomerne er kommet på sporet af. Astronomerne har formodning om, at den mørke energi svarer til den såkaldte kosmologiske konstant, som Einstein indførte i Den Generelle Relativitetsteori for at få et statisk univers, dvs. et univers uden begyndelse og afslutning.

Nye målinger viser, at mængden af mørk energi er konstant, hvilket kan betyde, at den mørke energi svarer til den kosmologiske konstant. Det giver et fingerpeg om universets skæbne, for når den mørke energi er lig med den kosmologiske konstant, betyder det, at universet vil fortsætte med at ekspandere med accelererende fart og sprede galakserne ud i et uendeligt rum.

Der findes en kritisk massetæthed for universet. Hvis universets tæthed er mindre end den kritiske tæthed, vil udvidelsen altid fortsætte. Tyngdekraften er da ikke stærk nok til at bremse udvidelsen. Hvis universet netop har den kritiske tæthed, vil udvidelsen først ophøre i en uendelig fjern fremtid. Hvis universets tæthed er større end den kritiske tæthed, vil tyngdekraften til sidst få overtaget. Udvidelsen vil da ophøre og blive erstattet af en sammentrækning.

Galakserne

Stjernerne i universet er samlet i galakser, der findes i fem former: Spiral-, bjælke-, ellipse-, linseformede og irregulære galakser. Bjælkeformen er en undergruppe af spiralgalakser, der overgår til denne form med stigende alder. Irregulære galakser er mere eller mindre kaotiske stjernesystemer, der kan være opstået i denne form eller være bragt ud af ligevægt, f.eks. ved kollision mellem to galakser.

En typisk stor galakse indeholder et par hundrede milliarder stjerner. Meget tyder på, at hovedparten af stjernesystemerne er dværggalakser. Ingen ved nøjagtig hvor mange galakser, der findes i universet, men ud fra hvad astronomerne kan se med de kraftigste teleskoper anslår de, at der er over 80 milliarder galakser, alene i den observerbare del af universet. Da universet, ifølge moderne kosmologi, er uendeligt, vil antallet af galakser sandsynligvis også være uendeligt. Antallet af stjerner i alle galakser tilsammen anslås til at være melllem 30 og 70 milliarder billioner.

De fleste galakser, vi ser i dag, er mindst 10 milliarder år gamle. Det vil sige, at de har eksisteret i størstedelen af universets levetid. I mange spiralgalakser findes der en del gas og støv mellem stjernerne. Det er dette stjernerne dannes af, og i galakser med meget gas bliver der til stadighed dannet nye stjerner, ligesom nye planeter dannes af støvpartikler, der samler sig omkring stjernerne.

Galakserne holdes sammen af såkaldt mørkt stof. Tyngdekraften fra massen af synligt stof er nemlig ikke stor nok til at holde stjernerne på plads. Derfor må der være noget mere, og det er dette 'mere' astronomerne har døbt mørkt stof. Det kan ikke ses og endnu ved ingen, hvad det består af.

Stjernerne

Nye stjerner og planetsystemer dannes ved at enorme skyer af gas og støv trækkes sammen af tyngdekraften. Den store kugle af gas og støv falder sammen til en skive, der derefter danner stjernen i midten og planeterne kredsende omkring. Når gassen fortættes, stiger trykket og temperaturen i stjernens indre, og bliver til sidst flere millioner grader varm. Atomkernerne fusionerer da, og omdanner brintkerner til heliumkerner, hvorved der frigives energi. Denne energi bevæger sig udad fra stjernens centrum, og skaber derved et pres, der er stort nok til at standse gasskyens sammentrækning. En stjerne er født.

Alle stjerner, uanset størrelse, består fra starten næsten udelukkende af grundstofferne brint og helium. Det meste af en stjernes liv går med at smelte brintkerner om til heliumkerner. Herved frigives den energi, der stråler ud af stjernen som lys og varme. Efterhånden vil al brinten i stjernens kerneområde blive omdannet til helium. For en stjerne som solen tager det omkring 10 milliarder år. En stjernes livslængde og skæbne afhænger dog i høj grad af dens størrelse.

Lette stjerner med en masse på mellem 0,8 og 11 solmasser har et relativt langt liv. En sådan stjerne har en overfladetemperatur på mellem 5.000° C og 23.000° C. Energiproduktionen er mellem 0,5 og 18.000 gange solens, og størrelsen mellem 0,9 og 7 gange så stor som solens. Når stjernen har opbrugt al brinten i sit center bliver den til en rød kæmpestjerne, der skaffer energi ved at omdanne helium til kulstof og ilt. Efter dannelsen af kernen af kulstof og ilt opstår der ustabile forhold i stjernen, og den begynder at udvide sig og trække sig sammen. Til slut kollapser den, og bliver til en hvid dværgstjerne på størrelse med Jorden, og med en overfladetemperatur på ca. 10.000° C.

Store, tunge stjerner med en masse på mellem 11 og 50 solmasser, har et relativt kort liv. En sådan stjerne har en overfladetemperatur på mellem 23.000° C og 40.000° C. Energiproduktionen er mellem 18.000 og 100.000 gange solens, og størrelsen mellem 7 og 20 gange så stor som solens. Den opbruger derfor hurtigt sin brint, og får en kerne af helium. Stjernen udvikler sig til enten en rød eller blå super-kæmpestjerne, der vokser sig større og større. På et tidspunkt begynder kernen af helium at smelte sammen til kvælstof, kulstof og ilt. Denne proces fortsætter med dannelsen af neon og natrium, hvorefter sammensmeltningen fortsætter i stadig hurtigere tempo med dannelsen af silicium og svovl. Processen standser med dannelsen af jern, og med at der opbygges en jernkerne i stjernen. Når jernkernen når op på 1,4 gange solens masse kollapser stjernen, og der udløses en gigantisk supernovaeksplosion, der spreder byggestenene til planeter og liv ud i universet. Tilbage bliver en neutronstjerne, kun bestående af neutroner, med en størrelse på ca. 10 km. Mange neutronstjerner roterer hurtigt, måske op til 1.000 omdrejninger pr. sekund, hvorved der udsendes stråling i stød. Disse neutronstjerner kaldes pulsarer.

Hvis stjernen har en masse på over 50 solmasser dannes en stjerne med en overflade-temperatur på over 40.000° C. Energiproduktionen er over 100.000 gange solens, og størrelsen over 20 gange så stor som solens. Stjernen udsender ikke blot stråling; der strømmer også en stærk vind af stof fra stjernen. Strømmen af stof væk fra stjernen er så stor, at når den løber tør for brint i centrum, så er der heller ikke mere brint ved dens overflade. Den kaldes en Wolf-Rayet stjerne. Ligesom for stjerner med en solmasse på mellem 11 og 50 solmasser dannes der en jernkerne, og stjernen bliver til en supernova. Denne er så massiv, at kollapsen ikke standser med en neutronstjerne, men med et såkaldt sort hul, der har et umådeligt tyngdefelt. Et sort hul er et objekt, som tyngde-kraften har presset så meget sammen at det intet fylder. Tæt på et sort hul er tyngdekraften så stærk, at selv lyset, med dets hastighed på 300.000 km/s, ikke kan slippe væk. Det anslås at der befinder sig et sort hul i centralområdet på de fleste galakser.

Hvis hjertet i en meget lysstærk galakse drives af et supertungt sort hul i sit center, ofte med en vægt på flere millioner gange Solens masse, kaldes det en Kvasar. Når galaksens stof nærmer sig det sorte hul, bliver det tvunget rundt i en tæt hvirvel omkring hullet. Det skaber voldsom gnid-ningsmodstand i stoffet, med høje temperaturer og en stråling, der er så stærk, at den overdøver alt lyset fra galaksens stjerner.

Mælkevejen

Universet indeholder over 80 milliarder galakser, måske en uendelighed. En af dem er vores egen Mælkevej, der er en typisk spiralgalakse i hvis centrum der er et sort hul, med en masse på ca. tre millioner solmasser, som hele galaksen drejer omkring. Sorte huller findes også spredt omkring i hele galaksen. Mælkevejens alder er beregnet til at være ca. 13,2 milliarder år. Foruden store mængder gas og støv, skønnes den at indeholde mellem 100 og 400 milliarder stjerner.

Heraf befinder den største koncentration sig i Mælkevejens centralområde, der har form som en fladtrykt kugle med en diameter på omkring 10.000 lysår. Omkring dette centralområde er der en flad skive af stjerner, støv og gas med en diameter på ca. 100.000 lysår og en tykkelse på ca. 1.000 lysår af stjerner og på ca. 12.000 lysår af støv og gas. Centralområdet og skiven befinder sig inde i den såkaldte halo, et kugleformet område med spredte stjerner og store kugleformede stjernehobe, med en diameter på nogenlunde samme størrelse som skiven. Haloen befinder sig inde i et endnu større område, kaldet den mørke halo, med en diameter på mellem 400.000 og 600.000 lysår.

Indholdet af den mørke halo kendes ikke. Måske består den af døde stjerner eller små stjerner, der er for lyssvage til at kunne ses. Den har en masse på omkring 90 % af Mælkevejens samlede masse, og påvirker derfor stjernernes bevægelse langt fra Mælkevejens centrum. Hele Mælkevejens masse anslås til ca. 580 milliarder solmasser, fordelt i omtrentligt forhold 100:10:1 på henholdsvis mørk halo, stjerner og interstellart stof. Hele Mælkevejen roterer med en rotationstid på ca. 50 millioner år og en relativ fart i forhold til universet på ca. 590 km/s.

Solsystemet og Jorden

Vores eget solsystem beskriver en næsten cirkelformet bane om Mælkevejens centrum. Solen befinder sig omkring 26.000 +/- 1.400 lysår fra centrum. Med en omløbshastighed på 230 km/s, er solen omkring 220 millioner år om at gennemføre et omløb i Mælkevejen. De fleste astronomer støtter i dag en teori om, at solen og planeterne blev dannet på én gang af en fælles gassky, og at både solen og planeterne er omkring 4,6 milliarder år gamle. Solsystemets diameter er ca. 1 lysår, og afstanden fra solen til Jorden er 8,31 lysminutter, svarende til 149.597.870 kilometer = 1 astronomisk enhed. Solen udgør 99,8 % af al masse i solsystemet.

Jordens placering i vores solsystem er en første, afgørende forudsætning for at livet blev udviklet her. Videnskaben kan i dag, ved radiometrisk datering, estimere Solsystemets, og dermed Jordens, alder til 4,6 milliarder år. Samtidig med at solen blev dannet, blæste solvindene Jordens lette partikler ud i solsystemet. Det omfattede også vandpartiklerne, så den tidlige Jord var meget tør og ekstrem varm.

I solsystemets barndom voksede klippepla--- neter som Jorden sig store ved kollision med mindre kloder. Sammenstødene var så voldsomme, at den tidlige jordklode smeltede, og tunge metaller, som bl.a. iridium og osmium, sank ind i Jordens centrum. Når vi i dag alligevel kan finde metaller i Jordens overflade, skyldes det sandsynligvis, at Jorden blev bombarderet med asteroider og meteorer, efter at den var størknet. De bragte store mængder af metaller med sig, som blev nedfældet i jordskorpen. Andre forklaringer er vanskelige at finde på den relativt store forekomst af ædelmetaller i overfladen.

Meteorerne medbragte også andet end metaller. Jorden fik tilført materiale fra rummet igennem flere hundrede millioner år. Heraf var vand det vigtigste. I de ydre egne af solsystemet kredser is-asteroider og kometer, som rummer vand i frossen form. Hvis Jorden efter sin tilblivelse blev bombarderet med masser af disse, forklarer det hvor Jordens oceaner kom fra.

Mellem 30 og 50 millioner år efter dannelsen af vores planet kolliderede en meteor på størrelse med Mars med Jorden og skubbede et stort stykke af den. Stykket blev hængende i verdensrummet nær ved Jorden, og blev til månen.

Mellem 300 og 500 millioner år efter solsystemets dannelse fandt et meteorbombardement af Jorden sted. Forskere har fundet beviserne herfor, idet de har fundet tunge metaller som iridium og osmium i bjergarter på Grønland.

Fundet undrede forskerne, da de tunge metaller burde være forsvundet ned i Jordens kerne da planeten var flydende.

Yderligere 500 til 600 millioner år efter solsystemets dannelse, opstod der tilsyneladende uorden i tyngdefeltet omkring planeterne. Det førte til, at tusindvis af asteroider og kometer blev sendt i omløb i det indre solsystem og forårsagede en meteorregn over Jorden, Månen, Merkur, Venus og Mars, benævnt 'Det Store Bombardement'.

Meteorregnen er en vigtig del af planeternes skabelse, fordi planeterne i denne tidsperiode dannede det meste af deres masse. Perioden, hvor bombardementerne fandt sted varede flere hundrede millioner år. Forskere har fundet beviserne herfor ved at studere og datere materiale fra kratere på månen, og har fundet frem til, at en stor del af dem stammer fra et massivt bombardement for omkring 3,9 milliarder siden.

Man er ikke helt sikker på hvordan Jorden fik sin hydrosfære, dvs. alt det vand, der findes på Jorden. En teori, som de fleste forskere dog er enige i, er at mellem to tredjedele og tre fjerdedele af Jordens vand stammer fra de millioner af asteroider og kometer, som ramte Jorden under 'Det Store Bombardement'. Kometerne bragte vand med sig, da 80 % af dem bestod af is. Da isen smeltede efterlod det de millioner af kubikkilometer vand, der dannede verdenshavene.

Meteornedslagene kan have været af afgørende betydning for livets udvikling på Jorden, idet 'Det Store Bombardement' meget vel kan have dannet Jordens atmosfære, og dermed ikke blot har givet det livsnødvendige vand, men også ilten.

Livets opståen

En ny interessant teori om organisk livs opståen blev omtalt i Illustreret Videnskab nr. 13/2013. Teorien kræver ikke nogen tænkt, pludselig påvirkning udefra, men er baseret på, at en naturlig evolution har fundet sted, fordi molekylerne har haft optimale forhold til at udvikle sig.

Forskerne bag teorien har udredt de kemiske processer, der skal til, for at livet kan være opstået for knap 4 milliarder år siden. Tidligere teorier har huller i dele af forløbet. I dette tilfælde kan forskerne udrede hele forløbet trin for trin, lige fra dannelsen af de første simple organiske molekyler til opbygningen af levende celler.

Forskningen har taget udgangspunkt et sted, hvor de færreste kan forestille sig at liv kan udvikles. 800 meter under havets overflade, i en afstand på ca.15 km fra revnen i den Midtatlantiske Højderyg, strækker store, krogede, 30-60 meter høje søjler sig op fra havbunden i et område, som er blevet døbt Lost City. Søjlerne er såkaldte hydrotermiske væld, hvor 60-90 grader varm basisk væske bobler op fra havbunden, og skaber et kemisk miljø, som er helt unikt på Jorden. Mineraler bliver udfældet i processen, og ophober sig over tid til karakteristiske lyse kalkstenssøjler.

Den største opdagelse gemmer sig inde i søjlernes særprægede struktur; en opdagelse, som er central for teorien. Søjlerne viser sig at være opbygget af mikroskopiske porer med halvgennemtrængelige sider; en slags mineralsk bitavle med små 'rum' eller porer, hvor de nydannede molekyler har kunnet mødes.

Forskerne har muligvis fundet det, de tidligere har savnet; en støbeform for organisk liv. Indtil de første celler blev voksne nok til at udvikle en membran, en hinde af fedtstof, har porerne i kalkstenssøjlerne holdt sammen på de nydannede molekyler, så de kunne reagere indbyrdes. De kemiske processer i Lost City er blevet gransket omhyggeligt, og forskerne mener at kunne rekonstruere præcis, hvad der er foregået på havbunden for små 4 milliarder år siden.

Den basiske væske er boblet op i det kolde, sure hav hen over de ultratynde vægge i søjlernes porer, der har været belagt med en hinde af jern og svovl. Dette har skabt et mikroskopisk reaktionskammer, hvor CO^2 og brint er blevet omdannet til de første simple organiske forbindelser som metan og eddikesyre. Ophobet i søjlernes porer er de nye molekyler så blevet ført sammen, og har kunnet begynde at reagere til større og mere komplekse molekyler. En langstrakt kemisk evolution har fundet sted. Efterhånden er livets egentlige byggesten opstået i form af aminosyrer, fedtstoffer, rna og dna, der giver livet henholdsvis proteiner, membran og arvemateriale. Proteiner er cellernes arbejdsheste, arvematerialet (generne) bærer arbejdstegningerne, og membranen er indhegningen, der definerer og afgrænser livets processer. Alt sammen har spillet en rolle i dannelsen af den første skrøbelige membran, som skulle inddæmme alle disse nye forbindelser, og skabe konturerne til en spæd celle.

Den spæde celle har kunnet dække sit energibehov ved at høste den naturligt forekommende strøm af brintioner fra vældet. Cellerne har høstet energien v.h.a. et protein kaldet ATP-syntase, der er blandt ca. 30 proteiner, som deles af alt liv, og som må være opstået blandt de første celler. ATP-syntasen har sikret energi til de stadig mere komplekse processer indtil cellerne var klar til at forlade støbeformen. Den sidste tid i søjlen har de brugt til at udvikle en supplerende 'brændstof-pumpe', som har gjort dem i stand til at klare sig i det åbne hav.

Som forskerne ser det, er livet ikke begyndt som en frit levende celle, men i en mineralsk pore boblende af biokemiske processer. Herfra er celler brudt ud over to omgange til henholdsvis bakterier og arkæer. For ca. 2 milliarder år siden opstod celler med cellekerner, eukaryoter; måske fordi en glubsk bakterie slugte en anden og smeltede sammen til en fælles organisme. Fra disse er alle flercellede organismer, inklusive dyr og planter, opstået.

Alternative teorier

Livet opstod i 'ursuppen'

Ifølge denne teori opstod de første organiske forbindelser på lavt vand gennem kemiske reaktioner. Eksperimenter har vist, at elektriske udladninger som lyn kan have skabt aminosyrer og sukkerstoffer ud af Jordens tidlige atmosfære, som var ladet med vand, ammoniak, metan og brint.

Livet opstod under havisen

Ifølge denne teori er kulde, hemmeligheden bag livets opståen. Eksperimenter har vist, at flere vigtige kemiske forbindelser kan opstå spontant i simuleret havis. De første organiske forbindelser kan således være opstået under flere kilometer tykke iskapper ved polerne, godt beskyttet mod radioaktive stråler og kosmiske nedslag. Nye opdagelser viser, at visse mikroorganismer trives i grænselaget mellem havvand og is.

Livet kom udefra

Ifølge denne teori kom livets første bestanddele fra verdensrummet med meteorer eller kometer fra andre solsystemer. Den unge Jord blev bestandig ramt af meteornedslag. Disse meteoritter kan have haft mikrober med sig, som har overlevet nedslaget og derefter har rodfæstet sig.

Atomet – universets byggesten

Videnskaben anser det enkleste af alle grundstoffer, brintatomet, for at være udgangspunktet for skabelsen af, eller omdannelsen til, alt andet stof i universet. Men hvad er da udgangspunktet for skabelsen af brintatomet? Det finder du ud af ved at læse efterfølgende beskrivelse.

Ethvert stof i universet, fra brint til indviklede proteiner, er opbygget enten af rene grundstoffer eller af et antal forskellige grundstoffer, sat sammen i molekyler. Elektronerne forsyner hvert grundstof med dets egenskaber, og bestemmer hvordan hvert atom vekselvirker med de andre. Elektronerne udgør kun en meget lille del af stoffet i atomet (typisk omkring 0,001 procent), mens størstedelen af atomets masse er koncentreret i en lille tæt kerne. De fleste kerner består af positivt ladede protoner og elektrisk neutrale neutroner. Dette gælder dog ikke det letteste stof, brint, hvis kerne kun består af en proton. Den positive protonladning i kernen opvejer præcist den negative elektronladning.

Antallet af protoner i kernen svarer til antallet af elektroner, hvorved atomet bliver elektrisk neutralt udadtil. Kernen holdes sammen af kernekræfterne, som er ca. 100 gange stærkere end de elektriske kræfter, der ellers ville splitte kernen. Kernekræfterne har en yderst kort rækkevidde, og virker kun inden for kernen. Eksperimenter har vist, at protonerne og neutronerne i kernen er opbygget af et lille antal forskellige punktformede partikler, kaldet kvarker, ligesom elektronen er opbygget af en anden type elementarpartikler, kaldet leptoner. Alle atomer antages, iflg. standardmodellen for partikelfysik, opbygget af 24 elementarpartikler, 6 kvarker og 6 anti-kvarker samt 6 leptoner og 6 antileptoner. Herudover eksisterer en række kraftformidlende elementarpartikler. Under udforskningen af de subatomare partikler har det bl.a. kunnet konstateres, at de også kan optræde som bølger, altså både i form af stof og energi.

Naturkræfterne

Naturkræfterne er fysikkens betegnelse for de fire fundamentale naturkræfter bag alle vekselvirkninger i universet, som styrer og holder sammen på makrokosmos og mikrokosmos. Kræfterne er tyngdekraften (gravitationen), den elektromagnetiske kraft, den svage kernekraft og den stærke kernekraft.

Kræfterne er af forskellig styrke og rækkevidde. Tyngdekraften styrer universet i stor skala. Det er den vi mærker mest til i det daglige. Den elektromagnetiske kraft kontrollerer atomers absorption og emission af lys, holder elektronerne i baner rundt om atomkernen, og er ansvarlig for kemiske processer, stoffernes egenskaber, radio og elektronik. Vi mærker ikke ret meget til den, fordi næsten alt stof er elektrisk neutralt. Den svage kernekraft regulerer det radioaktive henfald af atomkerner. Den er stærkere, men har en yderst kort rækkevidde. Det samme gælder for den stærke kernekraft. Den holder sammen på atomkernen, og er den stærkeste af kræfterne.

De fire kræfter synes at udspringe af én og samme kraft. Indtil nu har videnskaben kunnet påvise, at det er tilfældet for tre af kræfternes vedkommende, men man mangler at kunne påvise, at det også gælder for tyngdekraften. Teorierne herom går under navnet Grand Unified

Theories, forkortet GUT. Disse naturkræfter har sandsynligvis eksisteret i universets allertidligste sekunder efter 'Big Bang', ja måske endda før.

I de mest accepterede teorier om universet anses, det indtil videre hypotetiske begreb, mørk energi, som den femte af de fundamentale naturkræfter i universet. Den kan ikke vekselvirke med elektromagnetisme, og reagerer ikke på fotoner, og dermed lys. Derfor kaldes den mørk energi. Den virker modsat tyngdekraften, og i alle retninger. Begrebet mørk energi blev indført fordi forskerne ellers ikke kan forklare, at universet ikke blot udvider sig, men udvider sig stadig hurtigere.

I juli 2012 fandt et internationalt forskerteam ved det europæiske partikelforskningscenter CERN Higgs-partiklen; en manglende brik i den såkaldte standardmodel for partikelfysik, som beskriver naturens mindste bestanddele, elementarpartiklerne. I denne model fungerer Higgs-partiklen og dens tilhørende Higgs-felt som ophav til partiklernes masse. Modellen har fortsat mangler, som forsøges løst ved hjælp af teorien om supersymmetri, dvs. ved at fordoble antallet af elementarpartikler med en 'tvilling'.

Og den 11. februar 2016 bekendtgjorde LIGO, Observatoriet for Laser Interferometer Gravitationsbølger, at man for første gang havde opdaget gravitationsbølger, hvis eksistens Albert

Einstein forudsagde for hundrede år siden. Bølgerne har altid været der. Det er en anderledes slags kosmisk signal - vibrationerne forårsaget af den mest kraftfulde begivenhed der kendes - og vi er derfor vidner til fødslen af et helt nyt område for astronomien.

Opdagelsen af Higgs-partiklen og Higgs-feltet og nu gravitationsbølgerne er nogle af dette århundredes mest betydningsfulde opdagelser vedrørende universet, hvilket kan føre til forståelsen af andre fænomener inden for astronomi og astrofysik, som mørk energi og mørkt stof.

Einsteins specielle relativitetsteori

I 1905 offentliggjorde Albert Einstein hele fem vigtige afhandlinger. I en af dem forklarede han den fotoelektriske effekt, og grundlagde dermed kvanteteorien. I en anden, den berømteste, beskrev han den specielle relativitetsteori, $E= mc^2$, hvor E er energi, m er masse og c^2 er kvadratet på lysets hastighed. Teorien beskæftiger sig med hvad der sker, når legemer nærmer sig lysets hastighed, og er bekræftet gennem talrige eksperimenter. Den hviler på to grundlæggende postulater, der umiddelbart kan lyde mærkelige. Det første siger, at fysiske målinger i et laboratorium ikke afhænger af laboratoriets bevægelse, så længe bevægelsen er jævn. Det andet siger, at alle iagttagere vil måle den samme værdi for lysets hastighed, uanset hvordan de selv eller lyskilden bevæger sig. Teorien har lært os, at der ved hastigheder nær lysets optræder mange mærkelige fænomener: Tiden går langsommere, længder bliver mindre, og massen forøges. Begrebsmæssigt er det også relativitetsteorien vi kan takke for det 4-dimensionale univers. De fire dimensioner er højde, længde, bredde og tid.

Hvad der dog er det mest interessante i denne sammenhæng er, at ovennævnte formel også beskriver, at masse kan omdannes til energi, og at energi kan omdannes til masse. Mest kendt er de processer, hvor masse omdannes til energi. De finder f.eks. sted i solen og i atomkraftværker. Mindre kendt er den omvendte proces, hvor energi kan omdannes til masse. Denne proces er i nyere tid eftervist ved forsøg. Det betyder også, at vi må revidere vores opfattelse af hvad masse, eller stof, er. Stof må da opfattes som energi i form af en energiansamling, eller et energimønster, med et tidsaspekt og et rumaspekt.

Er universet designet?

Opstod universet tilfældigt eller blev det designet af en intelligent, uendelig, kraft, der er større end noget vi kan forstå? Disse og andre relaterede spørgsmål har mange teologer og videnskabsfolk stillet sig gennem de seneste årtier.

I sin indflydelsesrige bog, The First Three Minutes: A Modern View of the Origin of the Universe *(1977),* beskriver Steven Weinberg eftervirkningerne af Big Bang:

I slutningen af de første tre minutter bestod indholdet af universet hovedsagelig af lys, neutrinoer og antineutrinoer. Dette stof fortsatte med at fare fra hinanden, idet det blev stadig køligere og mindre tæt. Meget senere, efter nogle hundrede tusinde år, ville det være tilstrækkelig afkølet til at elektroner og kerner kunne finde sammen og danne brint- og heliumatomer. Under indflydelse af tyngdekraft ville den dannede gas begynde at danne klynger, som til sidst ville kondensere og danne det nuværende univers´ galakser og stjerner. Imidlertid ville de bestanddele med hvilke stjernerne ville påbegynde deres liv være netop de, der blev forberedt i de første tre minutter. (Weinberg, i Danielson, 2000, s. 436).

I denne bemærkelsesværdige proces er den mest bemærkelsesværdige kendsgerning af alle, at det opstod på præcis den måde og med nøjagtig disse fysiske karakteristika. Det mest forbløffende ved universet er, at det har de fysiske egenskaber som det har, egenskaber som tillod atomer og molekyler at dannes, som tillod galakser, stjerner og planeter at dannes og, til sidst, livet at dukke op. I det øjeblik Big Bang udløstes og lige efter, helt præcist, skulle de rigtige betingelser indtræffe for at universet, som vi kender det, kunne dannes. For at galakser kunne dannes, skulle gasser distribueres jævnt og have præcist den rigtige temperatur for at danne ilt. Hvis balancen havde været en anelse anderledes kunne stjernerne have brændt sig selv ud meget hurtigt, og ville ikke have holdt i de milliarder af år, som (i vores tilfælde i det mindste) tillod en planet at blive dannet, som til sidst gav mulighed for liv. For lidt energi og universet ville have trukket sig sammen; for meget energi og dets bestanddele ville være blevet opløst uden at danne stjerner og galakser. Det skulle være netop sådan. Vi kan, uden større vanskelighed, forestille os et univers af stivnede gasser eller dødt stof, hvor der ikke var nogen atomreaktioner og ingen kemisk aktivitet. Sådan et univers ville være goldt og uden mulighed for udvikling af organisk liv.

Astronomen og astrofysikeren Sir Arthur Stanley Eddington skrev i 1931 i tidsskriftet *Nature* og anslog chancerne, for at et univers som vores kunne skabes ved en tilfældighed, som værende i størrelsesordenen 'multillioner' til 1 (en multillion er et tal i størrelsesordenen 10^{10} milliarder eller større), et ufatteligt stort tal. Meget mere nutidigt anslog kosmologen Lee Smolin muligheden for et univers, der overhovedet indeholder stjerner, til at ligge på omkring 10^{229} til 1 (Smolin, i Danielson, 2000, s. 473), hvilket stadig synes at være en meget lav mulighed, når den udtrykkes på denne måde.

Når man overvejer at universets fysiske love og naturkonstanter er så præcist og perfekt afstemt at de muliggjorde universets og livets eksistens, og at chancerne, for at et univers som vores blev skabt ved en tilfældighed, er et utroligt tal på mange milliarder eller trilliarder til een, er det nemt at nå til den konklusion, at dette må være en skabers værk.

Imidlertid kan vi ikke udlede eksistensen eller ikke-eksistensen af en gud ud fra muligheden af eksistensen af dette eller andre universer. Hvis der er mange universer, så kan den kendsgerning at eet af dem gav mulighed for liv være et lykketræf. På den anden side, hvis der er mange verdener, i hvilke liv kan opstå, kan disse verdener også være en guddommelig skabers værk. Eddington, Smolin og mange andre astrofysikere og kosmologer er dog ikke villige til at gå med til muligheden for design. Dette synspunkt er forståeligt, på grund af at en hvilken som helst guddom, som måtte eksistere, altid vil være uden for eksperimental fysiks grænser.

Til trods herfor kan det ikke benægtes, at et overvældende antal kendsgerninger påpeger, at vores univers, lige fra begyndelsen, havde alle de nødvendige egenskaber til at udvikle sig nøjagtig på den måde det gjorde, med de rigtige parametre til at stjerner og planeter kunne dannes og liv til sidst kunne opstå. Med andre ord, Eddingtons og Smolins skøn viser også, at chancerne for at vores univers opstod ved en tilfældighed er nærmest ikke-eksisterende. Det er usandsynligt at dette havde været tilfældet medmindre universet er skabt og styret af en form for intelligent energi.

Universets tilblivelse skyldes den energi, der blev udløst ved Big Bang, og som hovedsagelig bestod af lys, neutrinoer og antineutrinoer. Neutrinoer og lys udgør således grundlaget for de andre subatomare elementarpartikler og atomerne. Min hypotese er, at der samtidig blev dannet et reaktionsmønster baseret på tiltrækning og frastødning, som skabte vekselvirkningen mellem partiklerne og, som senere, udviklede det vi i dag opfatter som bevidsthed.

Neutrinoer produceres nu i forbindelse med voldsomme astrofysiske begivenheder, såsom supernovaer, i solens indre og i atomkraftværker, og neutrinoer er i dag den hyppigst forekommende partikel i universet.

Neutrinoer vekselvirker kun med andre elementarpartikler gennem den såkaldte svage kernekraft, da de ikke har elektrisk ladning. Under deres rejse gennem rummet kan de ændre sig fra en type til en anden, f.eks. til elektron, muon eller tau-neutrino. Neutrinoer spiller en central rolle i standardmodellen for partikelfysik, som beskriver de fundamentale kræfter mellem partikler. Studiet af neutrinoer hjælper videnskaben med at forstå hvordan partikler får deres masse og hvordan de vekselvirker med andre partikler.

Hvert sekund passerer der 65 milliarder neutrinoer fra Solen gennem hver kvadratcentimeter på jordoverfladen. De går (næsten) alle uforstyrret lige igennem Jorden og fortsætter videre gennem solsystemet og ud i universet, da de kan rejse kosmiske distancer uden at blive afbøjet. De passerer naturligvis også gennem ethvert menneske, uden at vi bemærker det, men kan disse spøgelses-partikler (som de også kaldes) alligevel påvirke os på en eller anden måde - fysisk og/eller mentalt?

Dannelsen af de andre subatomare partikler skyldtes både lys og neutrinoer, så hvad er dette udefinerbare lys? Sandsynligvis en energi, der må antages at indgå i selve dannelsen, som egenskaber ved de subatomare partikler. Disse egenskaber er derefter videreført i atomer, molekyler, celler osv.. Som tidligere anført er min hypotese, at en af disse egenskaber er bevidsthed, der kan komme til udtryk i forskellige livsformer, på forskellige måder, og i forskelligt omfang.

Hvad er liv?

Det er åbenlyst at universet favoriserer eksistensen af liv. Når vi taler om liv, er det normalt i betydningen af organisk liv, der har ført til de livsformer, vi i dag kender på Jorden. Men liv er ikke begrænset hertil. Uorganisk materiale er også levende. Alle atomer vibrerer ved ekstrem høj hastighed, og har en form for bevidsthed, der gør at de stræber efter at vekselvirke med andre atomer og blive til stadig mere komplekse molekyler. Denne egenskab er en af mange forudsætninger for, at organisk liv kan opstå.

Vi gør os skyldige i et stort selvbedrag, hvis vi betragter verden, som om den består af henholdsvis levende og døde ting. Sådan forholder det sig ikke. Der er bevægelse i alt stof, og det er dermed levende. Det er jo opbygget af atomer, som består af elektroner, der hvirvler omkring kerner af protoner og neutroner. Forskellen mellem de mange forskellige livsformer består i graden af livsudfoldelse. Denne er, som bekendt, størst i dyreverdenen, mindre i planteverdenen og latent i mineralverdenen.

Livets forudsætning er energi i bevægelse. Universet ville ikke eksistere uden vibrerende bevægelse i alting. Det ville heller ikke have udviklet sig struktureret uden intelligent styring af vibrationsniveauerne i alting. Universets logiske og lovmæssige opbygning, fra det mikrokosmiske til det makrokosmiske niveau, og fra det uorganiske til det organiske niveau, viser at det må være skabt ved en bevidst handling forårsaget af en intelligent, kreativ kraft af ufatteligt omfang.

Hvad er bevidsthed?

Alt organisk Liv på vores planet, Jorden, skabt gennem den evolutionære udvikling, kan henføres til den vekselvirkning, der finder sted mellem stof på alle niveauer. Alt stof er således forbundet, og hver enkelt partikel, atom, molekyle eller celle kan dermed optage og videreformidle information. Alle organer hos alle levende organismer er dermed også forbundet i et kredsløb for udveksling af information, her betegnet som bevidsthed (fra lavt niveau ved simple organismer til højt niveau ved avancerede organismer). Bevidsthed under en eller anden form er således til stede hos alle levende væsner, men bør dog ikke direkte sammenlignes med bevidsthed hos mennesker.

Bevidsthed hos mennesker er den subjektive oplevelse af at være vågen, tænke, sanse, føle, og være opmærksom på vores kropstilstand og verden omkring os. Vores bevidsthed er kompleks og involverer mange aspekter af vores sind og hjernes funktioner, der kan registreres som fysiske neurale processer i hjernen. Men hvordan kan noget fysisk skabe en mental bevidstheds-tilstand?

Måske er det lige omvendt. Bevidsthed er hvad vi er – følelser, sanser, tanker, handlinger, oplevelser, etc... Legemet er (blot) et redskab for bevidstheden. Så bevidsthed er den vigtigste del af os - ja af alle levende væsener. Ville livet være værd at leve uden den? Tænk over det et øjeblik, og prøv så at tænke på samme måde med hensyn til kosmos. Ville universet eksistere uden Kosmisk Bevidsthed?

Ovenstående hypotese antyder, at vi fødes med latent bevidsthed. Der er intet, der tyder på, at bevidsthed er skabt af hjernen, eller at den er afhængig af hjernen som andet end et redskab for erkendelse. Tværtimod har forskning i bevidsthed og kvantefysik bekræftet østens tusindårige tese om, at bevidsthed er grundlaget for alt, der eksisterer, og faktisk er alt, der eksisterer. Det vi oplever som fysisk stof er kun nogle af Kosmisk Bevidsthed's utallige fremtræ-delsesformer.

Kosmisk Bevidsthed

Hvis Kosmiske Bevidsthed er det eneste oprindelige og alt, der eksisterer, må oplevelse og erkendelse for den nødvendigvis være oplevelse og erkendelse af sig selv. Derfor kan den kun skabe ved at forme eller forandre sin egen bevidsthed, hvilket er den eneste mulighed den har for at realisere sit kreative potentiale. Kosmisk Bevidsthed's mål er dermed at opleve og erkende sig selv via sine bevidste skabninger - os - som reelt er dens egne aspekter. Da Kosmisk Bevidsthed omfatter alt, er den ubegrænset i alle henseender, og dens skabninger må derfor nødvendigvis repræsentere begrænsninger af den selv.

Men vores begrænsninger er dybest set en illusion, da de kun eksisterer i bevidstheden. Det er derfor muligt for os at overvinde disse begrænsninger ved at arbejde os tilbage mod Kosmisk Bevidsthed og vores oprindelse gennem oplevelse, indsigt og erkendelse. Det gør vi igen og igen i et evigt kredsløb, der skiftevis drives af vores behov for nye oplevelser gennem jordelivets begrænsninger og vores længsel tilbage mod vores oprindelige fuldkommenhed.

Ja, bevidsthed er et mysterium, men selve livet, hvorfor vi eksisterer, på en lille planet i et solsystem i en galakse blandt milliarder af andre galakser i et uendeligt univers, det er et endnu større mysterium.

Anden del
Troen - om verden

Noget om religioner

Fra videnskaben bevæger vi os videre til troens område, og ser på de fire største religiøse myter med kritiske øjne, fortæller om nærdødsoplevelsen, livet mellem død og fødsel og reinkarnation, og tolker tekster fra Bibelen og Vedanta-filosofien, for at finde ud af hvilke tanker den religiøse verden har om livet. Og der er stor forskel på den måde de Abrahamitiske og de østlige religioner opfatter livet. Kristendom og islam opfatter tilværelsen lineært, dvs. mennesket lever kun een gang på Jorden og kommer så i himlen eller i helvede. Hinduisme og Buddhisme opfatter tilværelsen cirkulært, dvs. mennesket lever adskillige gange (inkarnerer) på Jorden og forenes til sidst med Kosmisk Bevidsthed, eller Gud. På en forunderlig måde er der mange lighedspunkter mellem hvordan de østlige religioner og den moderne videnskab opfatter tilværelsen.

Efterfølgende beskrivelser af verdens fire største religioner, kristendom, islam, hinduisme og buddhisme, er overordnede beskrivelser, der kun viser hovedpunkterne i disse religioner. Der er ikke taget stilling til forskelle blandt de mange forskellige trosretninger, der findes inden for hver af religionerne. Hensigten er alene at fremhæve de karakteristika, der er fællesnævnere indenfor hvert religionsområde, og dermed vise, hvordan de fire religioner adskiller sig fra hinanden. Religionsbeskrivelserne efterfølges af kommentarer, baseret på undersøgelse af det grundlag religionerne støtter deres tro på. Ud fra beskrivelserne og kommentarerne kan læserne foretage deres egne vurderinger af de fire verdensreligioner.

Kristendom

Verdens største religion, kristendom, er, ligesom islam, baseret på den oprindelige jødiske Tora, der indgår i Bibelen som Det Gamle Testamente. Det er dog Det Nye Testamente, der i dag udgør hovedbudskabet.

Både i kristendommen og i islam opfattes Gud som en personlig gud, og menneskets relation til 'ham' som personlig. Fælles er også afvisning af tanken om reinkarnation.

Begreberne sjæl, dommedag, paradis og helvede findes både i kristendommen og i islam, men de opfattes forskelligt. Ifølge kristendommen er sjælen udødelig, og løsriver sig fra legemet ved død. På dommedag bliver de retfærdige troende frikendt og kommer i Himlen, mens de ikke-troende fortabes. Fortabelsen er dog en mulighed, som mennesket selv vælger ved at fravælge Gud. Mange kristne tror, at sjælen stiger til himmels lige efter døden, og mener, at det ikke er nødvendigt at vente til dommedag for at blive frelst, ligesom de finder, at trosbekendelsens del om 'kødets opstandelse' er besynderlig.

Der er endvidere følgende forskelle mellem kristendom og islam: I kristendommen åbenbarer Gud sig selv i Jesus Kristus, der er udtryk for Gud selv og er Guds søn. Gud går ind i historien, og er i det menneskelige liv som Helligånd. Bibelen er, for mange kristne, blot en fortolkning af åbenbaringen.

En helt afgørende forskel mellem kristendommen og islam er også, at forkyndelse af kristendom overvejende er basere på Det Nye Testamente. Det er derfor et budskab, der lægger hovedvægten på at fortælle om Guds kærlighed til hvert eneste menneske.

Uforståelige dogmer

Den kristne kirkes forkyndelse af dogmerne om inkarnationen, treenigheden, synd, og Jesus´ soning af menneskehedens synder, har moderne mennesker vanskeligt ved at forbinde med deres egen virkelighed. En sandsynlig forklaring på

Gud i skaberrollen og på hvordan Jesus kan opfattes i denne forbindelse findes under Vedanta-filosofien - tolkninger og i Tredje Del: Metafysikken - om verden, Kristendom og Hinduisme, Den hellige treenighed.

Hvad rækkefølgen kan fortælle

I bogen 'En ny kristendom i en ny verden' af den amerikanske biskop, John Shelby Spong, redegør han bl.a. for at der, i det kildemateriale religionsforskerne i dag kender til, ikke er nogen fortællinger om jomfrufødsel, lignelser, mirakler, korsfæstelse, opstandelse, eller opfaren til himlen.

Og opstilles forfatterne til skrifterne i Det Nye Testamente i kronologisk rækkefølge, så kommer Paulus først (31 - 64 e.Kr.), efterfulgt af Markus (70 - 74 e.Kr.), så Matthæus (ca. 85 e.Kr.), så Lukas (88 - 93 e.Kr.), og til sidst Johannes (95 - 100 e.Kr.).

Herved kan bl.a. konstateres, at Matthæus genbruger omkring 90 % fra Markusevangeliet, mens Lukas genbruger godt 50 % heraf, og at hverken Paulus´ Breve eller Markusevangeliet indeholder nogen fortælling om en jomfrufødsel. Den tildigtes af efterfølgende evangelister.

Tilfældighedernes spil

I bogen 'GOD: 'Thoughts in an age of uncertainty' af den amerikanske religionsforsker, professor James M. Byrne, fortæller han blandt andet hvordan den kristne kirkes dogmer blev til som resultat af rene tilfældigheder.

Kristendommen blev indført som officiel religion i Romerriget, da kejser Konstantin gik over hertil i år 324, og doktrinen om Treenigheden, og udlægningen af Jesus som Guds søn blev beseglet på det Første Koncil i Konstantinopel i år 381. Men vedtagelsen var baseret på en lang række tilfældigheder i striden mellem to opfattelser: Teologen Arius og kejser Konstantin, som opfattede Jesus på lavere niveau end Gud (Arianisme; den teologiske lære, der tillægges Arius), mod teologen Athanasius, der opfattede Jesus som sidestillet med Gud.

Arius døde i år 336 og Konstantin det følgende år. Han blev efterfulgt af sin pro-Arianske søn, Konstantius (d. 361), Julian (d. 363), Valens (d. 378) og Theodosius. Athanasius døde i år 373, men hans idéer overlevede. Under Theodosius blev den anti-Arianske stilling styrket, og på Koncilet i Konstantinopel i år 381 vandt sidstnævnte opfattelse.

Hele hændelsesforløbet bekræfter, at de religiøse dogmer ikke er eviggyldige sandheder, men blot historisk betingede opfattelser, som blev godtaget af en bestemt tids mennesker.

Islam

Verdens næststørste religion, islam, er, ligesom kristendommen, baseret på den oprindelige jødiske Tora, der indgår i en stor del af Koranen.

Både i islam og i kristendommen opfattes Gud som en personlig gud, og menneskets relation til 'ham' som personlig. Fælles er også afvisning af tanken om reinkarnation.

Begreberne sjæl, dommedag, paradis og helvede findes både i islam og i kristendommen, men de opfattes forskelligt. Ifølge islam er sjælen også udødelig. Når en muslim dør forlader sjælen legemet. Herefter følger et ophold i graven, hvor den afdøde forhøres af to engle, og får en forsmag på den endelige dom. Hvad der sker fra den individuelle død og til dommedag er meget omdiskuteret, men på dommedag skal alle, både levende og døde, dømmes på deres gerninger. Martyrer vil på dommens dag komme direkte i paradis og, ifølge islamisk tradition, *hadith,* modtage 72 *hourier* (jomfruer; de sortøjede) som en del af deres belønning i himlen. Retfærdige og rettroende muslimer vil også modtage *hourier* som belønning. De vantro, der siger: "Gud er én af tre", vil blive ramt af en pinefuld straf. På dommens dag afsiges den endelige dom. Svarer den afdøde, at han/hun ikke vil følge Gud og ikke er troende, bliver han/hun forstødt til helvede. Koranen indeholder iøvrigt mange beretninger om *hourier* og andre hunkønsvæsner, som i paradis venter på at tilfredsstille frelste muslimske mænd.

Der er endvidere følgende forskelle mellem islam og kristendommen: I islam åbenbarer Gud sin vilje, men ikke sig selv, så muslimerne kender ikke Gud, men ved om ham. Gud er ikke i verden, men over historien. Koranen er gyldig til alle tider, så kildekritik tåles ikke.

Islam anerkender kristendom og jødedom som religioner, men anser dem som afvigelser fra den rette lære, og deres skrifter og lære anses for at være forvanskning af Guds ord. Muslimer betragter derfor Muhammed som den sidste profet af en uforfalsket, original monoteistisk tro af Adam, Noah, Abraham, Moses og andre profeter.

Grundlaget for islam er dermed Det Gamle Testamentes opfattelse af Gud, som den nidkære, strenge, dømmende og straffende guddom. Som en lovreligion, der postuleres at være givet af Gud, og hvor Koranens ord skal tages for pålydende, er islam en rigid, fundamentalistisk religion.

Magtfulde 'lærde'

Koranens fortælling er en mosaik af forskellige emner uden kronologisk rækkefølge, og da den refererer til en fjern fortid er den svært tilgængelig, selv for en læser med arabisk som modersmål. Derfor er det, gennem århundreder, blevet en teologisk disciplin at fortolke Koranen. Det betyder, på godt og ondt, stor magt til de islamiske 'lærde' *imamer og mullaher.*

Om Koranens troværdighed

Materialet til Koranen blev samlet af den tredje kalif, Uthman ibn Affan (644 - 656). Indtil da forelå materialet blot som små og store fragmenter af Muhammed´s åbenbaringer, nedskrevet på bark, læderlapper, pergament, dromedarknogler og tynde sten samt, ikke mindst, som adskillige menneskers mundtlige overleveringer.

Koranen er en blanding af gammeltestamentlige fortællinger, før-islamiske arabiske levn, prædikener og lovforskrifter. Den fremstår som en mosaik af gentagelser, modsigelser, udeladelser, uklarheder og pludselige emneskift i tilfældig kronologi, hvis man sammenligner med den rækkefølge profeten Muhammed, ifølge islamisk historieskrivning, skulle have fået åbenbaringerne.

Koranens indhold tyder på, at Muhammed havde sit kendskab til Det Gamle Testamente gennem rabbinerne og deres udlægning af Talmud. I Koranen findes således legender, levn, love, udtryk, dogmer og ritualer med jødisk islæt. Der optræder også et betragteligt antal personer fra Det Gamle Testamente og gammeltestamentlige overleveringer med iblanding af historier fra Talmud og andre jødiske tekster i Koranen. Beskrivelserne af paradis og helvede minder om dem, der findes i zarathustrismens samling af hellige skrifter, *Avesta. Også* englevæsner i Koranen indeholder træk af persisk og jødisk englelære. De såkaldte straffelegender; påmindelser til folk, der ikke vil lytte til Profeten, og derfor vil blive ramt af Guds straf, fylder meget i Koranen. De tager ofte udgangspunkt i bibelske fortællinger om de jødiske profeters kamp mod afguderi.

I 800-tallet blev overleveringerne om hvad Muhammed havde sagt og gjort, såkaldt *hadith,* indsamlet. Af disse fik seks samlinger forrang som særligt troværdige, og af disse blev to fremhævet. Hver stamme i Arabien havde sin *sunna,* dvs. en uskreven samling af regler for tilladt og forbudt opførsel, opstået gennem tiderne. I islamisk tid blev en *sunna* udformet med Muhammed som forbillede. Disse optegnelser tages alvorligt af praktiserende muslimer. Med udgangspunkt i denne såkaldte *hadith*-litteratur prøver man at efterligne Muhammed i alle livets forhold, f.eks. ved at kopiere hans udseende med fuldskæg, klædedragt m.v. og stræbe efter at handle som han.

Troværdigheden af disse *hadither* anfægtes i islam-forskningen, da de snarere afspejler senere muslimske generationers sociale, politiske og religiøse idealer end Muhammed´s. De fortæller mere om det muslimske samfunds religiøse udvikling fra det syvende til det niende århundrede end om Muhammed´s liv. Som argument, for at Koranens ord er sande og stammer fra Gud, anføres, at Muhammed var analfabet og derfor ikke kan have læst sig til sin såkaldte viden.

Imod dette taler følgende forhold: 1) At meget af Koranens indhold er baseret på den oprindelige jødiske Tora, ikke Muhammed´s såkaldte viden. 2) At det oprindelige materiale til Koranen kan være blevet forvansket undervejs. 3) At Koranens lovforskrifter bygger på de regler for pligt, ret og straf og det kvindesyn, der allerede var gældende i de før-islamiske stammesamfund. 4) At muslimske 'lærde', til alle tider, har foretaget efterrationaliseringer af Koranen ved at ophæve vers og erstatte dem med nye. Ifølge overleveringer er helt op til fem hundrede vers blevet ophævet af andre. Et eksempel herpå er vers 2.257: "Der er ingen tvang i religion", som muslimske 'lærde' mener ophæves af vers 9.5: "Så dræb afgudsdyrkerne, hvor end I finder dem". Et andet eksempel er vers 24.2. Her er straffen for hor hundrede piskeslag. Uanset det har utallige muslimske 'lærde' siden fastsat straffen til stening til døden. Det gør de med udgangspunkt i profetens *sunna*, dvs. hans praksis eller sædvane, som den er overleveret i fortællinger om Muhammed´s ord og gerninger, *hadith.* De indsatte så et vers som, ifølge dem, havde autoritet som et koranvers, og som i praksis annullerede Koranens vers om piskestraf. 5) At der gennem tiderne, blandt muslimer, har været så store uoverensstemmelser om Koranens sande natur, at det har udløst inkvisitioner, fængslinger, piskninger og henrettelser. 6) At Muhammed fra år 622 er både familieoverhoved, statsmand, lovgiver og hærfører, hvorfor politik ikke kan adskilles fra religion. 7) At Muhammed´s åbenbaringer ikke er noget sjældent fænomen. Til alle tider har en del mennesker haft såkaldte åbenbaringer gennem en 'indre stemme', uden at det derfor kan tillægges guddommelig indgriben. 8) Koranens fordømmelse af udsagnet 'Gud er én af tre' viser endvidere, at islam har misforstået skaberrollen, ligesom kristendommen har gjort det. En sandsynlige forklaring på Gud i skaberrollen findes under Vedanta-filosofien - tolkninger og i Tredje Del: Metafysikken - om verden, Den hellige treenighed.

Martyr-problemet

Det klassiske islamiske martyrium er døden i krig mod vantro, hvor martyren er garanteret en plads i paradis, og modtager 72 *hourier* (jomfruer; de sortøjede) i belønning. Det betyder at mange muslimske mænd er villige til at ofre deres liv i krig. Moderne islamiske terrorister skriver ofte om de mange smukke jomfruer, der venter på dem i paradis. Indrykkede avisnotitser for palæstinensiske selvmords-bombemænd lyder da også mere som ægteskabs-annoncer end dødsannoncer, som i dette eksempel: "Med stolthed kan Palæstinensisk-islamisk Jihad meddele, at den har ægtet et medlem af dens militære afdeling, martyr og helt, Yasser Al-Adhami, med de sortøjede 4. oktober 2001."

For rationelt tænkende mennesker i den vestlige verden lyder sådanne forestillinger som vanvid. Det gør det tilsyneladende ikke for en *praktiserende* muslim. Han/hun er opdraget i en kultur med en rigid, fundamentalistisk ideologi, som det ikke er tilladt at anfægte. En sådan kultur har tilbøjelighed til at udvikle fanatiske mennesker med mekanisk adfærd og tænkemåde og automatiske reaktioner. Det er let at påvirke sådanne mennesker med religiøse argumenter fra Koranen, uanset hvor falske de måtte være.

Det misbruger ekstremistiske kræfter inden for islam ved at fortolke Koranen til at opnå magt og kontrol over mennesker og landområder. Eksempler herpå er terrorbevægelser som ISIL-Islamisk Stat, Al-Qaeda, Taleban, Al-Shabaab, Boko Haram, Harakat ul Mujahedin, GIA, Hamas, Hizbollah, Al-Jamaat-islamiya, Al-Jihad, Islamisk Jihad, m.fl.

Forfølgelse af ikke-muslimer

Det anslås at 75 % af de religiøst forfulgte i verden er kristne. Muslimer forfølger i foruroligende grad kristne mindretal i mange muslimske lande. Islamister dræber hvert år mange tusinde kristne. I Irak er mange af landets nu omkring 700.000 kristne flygtet i løbet af de seneste år. Samme tendens ses i Egypten, der har omkring 7 millioner kristne, og i Syrien, der har omkring 450.000 kristne. Forfølgelsen finder også sted i Pakistan, Nigeria og andre muslimske lande.

Ansvaret for disse uhyrligheder ligger hos de mange rabiate *imamer* (islamisk vejleder, hæderstitel, stands-person) og *mullaher* (islamisk lærd og ekspert i religiøse anliggender), der forkynder islam på en sådan måde, at det fremelsker had og tilskynder til vold mod ikke-muslimer. At Koranen indeholder tekst, der misbruges til at udøve vold, udgør dermed et stort problem for islam's troværdighed.

Hinduisme

Verdens tredjestørste religion, hinduisme, er en betegnelse for flere forskellige religiøse traditioner (se Tredje Del: Metafysikken - om verden).

I modsætning til kristendom, islam og buddhisme har hinduismen ingen religionsstifter, intet helligskrift som Bibelen og Koranen og ingen fælles trosbekendelse, der kan henvises til. Der findes heller ikke nogen overordnet, centraliseret religiøs autoritet eller organisation, som fastsætter hvad der er den rette lære. Hinduismens forestillingsverden og praksis er da heller ikke et sammenhængende system, men snarere nogle temaer og praksisser, der er bundet sammen igennem en lang historisk udvikling.

I hinduisme er skaberguden *Brahman*, den højeste, altgennemtrængende ånd, det upersonlige alt, der opretholder universet. *Atman* er betegnelsen for sjælen eller det permanente selv i hvert enkelt menneske. Mennesket skal søge at finde ud af, at dets egen sjæl, *Atman*, faktisk er identisk med verdensaltet, *Brahman.* Hinduismens skabelsesberetning stemmer godt overens med Big Bang teorien, ligesom *Vishnus* 10 avatarer kan siges at symbolisere Darwin's evolutionsteori.

Hinduerne tror på *samsara,* genfødslernes ring, sjælevandring, eller reinkarnation. Så længe mennesket ikke har viden om vejen til forløsning, er sjælen bundet til en stadig række af genfødsler. At føle sig bundet til verden er at være bundet til sin krop, og dermed til stadig nye genfødsler. Loven om *karma* er den livslov, der bestemmer hvilken eksistens sjælen får i en ny genfødsel; som man sår, således høster man. Menneskets handlinger og livsstil bestemmer altså den næste genfødsel.

Hinduismen indeholder en række frelserveje: Indsigtens vej, hengivelsens vej, ofrets vej og yoga. Frelsen er *moksha,* forløsning fra genfødslernes ring til en forening med det absolutte guddommelige bag denne tilværelse.

Bag om hinduismen

Hinduisme er, i modsætning til kristendom og islam, ikke baseret på en ideologi, men er egentlige filosofiske systemer, eller spirituelle love udviklet over mange århundreder. Opdagerne af disse love kaldes *rishier*. Ved at søge gennem sindet, metafysik og logik nåede *rishierne* frem til erkendelsen af den universelle Ene; den rene Væren bag alting.

Kastesystemet

Hinduismen brugte karmaloven til at skabe en slags skæbnebestemt kasteinddeling af samfundet, en inddeling der, ifølge myten, er givet af guderne. Kastesystemet blev forbudt ved lov i 1950, men fungerer stadig i dele af det indiske samfund. Stærkest tag har det i de indiske landsbyer, hvor der er mulighed for at kende alles kastetilhørsforhold og agere ud fra det. En vis positiv udvikling er i gang og tager til i takt med, at folk flytter til storbyerne og får andre erhverv og uddannelser. I byerne kan kontakt med andre mennesker ikke undgås, f.eks. i busser eller på jobbet, og situationen er derfor også en anden. Samtidig er mange lavkastefolk blevet bevidste om deres rettigheder.

Buddhisme

Verdens fjerdestørste religion, buddhismen, er udsprunget af hinduismen, og er i sit udgangspunkt at betragte som en ikke-teistisk filosofi.

Buddhismen fortolker genfødsel lidt anderledes end hinduismen. Hele tilværelsen, alt levende, udgør én stor sammenhæng af årsag og virkning, der fører ind i nye genfødsler. Ved at indse at mennesket er fanget i tilværelsens illusion, kan det få hjælp til at bryde ud af det evige kredsløb, *samsara*, 'livshjulet'. Mennesket fastholdes i 'livshjulet' af 'livstørsten', der medfører, at det klamrer sig til tilværelsen, aldrig kan få nok, og vil eje, besidde og engagere sig. Ligesom i hinduismen bærer enhver ansvaret for egne handlinger, og må derfor også tage de karmiske konsekvenser det medfører.

I buddhisme hedder forløsningen *nirvana,* der betyder udslukkelse, dvs. at man slukker sin 'livstørst', sit jeg. Første skridt er at indse 'de fire ædle sandheder': 1) Alt er lidelse, fordi alt er forgængeligt. 2) Lidelse opstår fordi vi stræber efter noget illusorisk, som vi tror er varigt, og fordi vi er uvidende. 3) Lidelse kan bringes til ophør ved indsigt, og ved at give afkald på stræben. 4) Der er en vej ud af lidelsen; '*d*en ottefoldige vej', dvs. en livsholdning i ophøjet ro uden tilknytning til denne tilværelse.

Ifølge buddhismen er mennesket ikke andet end en forgængelig samling af sansefornemmelser og fysiske former, kaldet 'de fem skandaer', som er: Tingenes form, sansning, forestillinger, vilje og bevidsthed.

Modsat hinduismen anerkender buddhismen ikke eksistensen af en individuel sjæl eller et selv. Ifølge buddhismen er al virkelighed af åndelig, eller bevidsthedsmæssig natur, men uden nogen 'kerne'. Mennesker og ting er blot fænomenkomplekser. Ligesom i hinduismen gælder det om at undgå genfødsel. Det sker ved at opnå indsigt både i selvets og den fysiske virkeligheds ikke-eksistens. Hvordan tanken om sjælevandring skal forstås i buddhismen er stærkt omdiskuteret, eftersom sjælens eksistens ikke anerkendes. Sjælen eller jeg'et opfattes som en midlertidig kombination af karma og de elementer, som alt er opbygget af. *Samsara*, 'livshjulet' er en anden form for genfødsel, end den hinduistiske. Det er en sjælevandring, hvor sjælen vandrer fra liv til liv i forskellige legemer.

Erfaringsreligion

Buddhismen er en erfaringsreligion. Dens etik bygger på principperne om respekt for alt liv og mådeholdende livsførelse. Den mentale praksis fokuserer på etisk-moralsk selvdisciplin, meditativ koncentration, uforbeholden kærlighed og visdom. Buddhismen har, gennem århundreder, udviklet sig i mangfoldige retninger eller skoler. Nogle opfatter den hovedsagelig som en filosofi. Andre tillægger den religiøs betydning.

Vold i buddhismen

Det er en udbredt misforståelse, at buddhister ikke må dræbe, skønt det er hovedreglen. Under Anden Verdenskrig deltog buddhister i drab for Japan og kejseren. På Sri Lanka førte borgerkrigen mellem det buddhistiske regime og De Tamilske Tigre, LTTE, i 2009 til total udslettelse af 'tigrene' og til titusinder dræbte af det civile tamilske mindretal. I det buddhistiske Myanmar (Burma) fandt der i 2013 overgreb sted fra den buddhistiske befolkning mod det muslimske Rohingya mindretal i Rakhine delstaten. Vold er således også en del af den buddhistiske verden.

Nærdødsoplevelsen

En nærdødsoplevelse kan beskrives som en oplevelse, mennesker har haft, når de har været 'klinisk døde', og derefter er blevet genoplivet. Når man er 'klinisk død' betyder, at hjertet er holdt op med at slå, og der derfor ikke kommer ilt til hjernen og resten af kroppen. Dette fører efter kort tid (anslået 6 - 7 minutter) til begyndende vævsdød.

Mange millioner amerikanere har haft en sådan oplevelse, viser en undersøgelse fra 1982. Også mange danskere har haft en tilsvarende oplevelse. En del af disse oplevelser er omtalt i blade, bøger, radio- og TV-udsendelser.

Mennesker, som i forbindelse med sygdom eller ulykke, har været kortvarigt døde, og er blevet genoplivet, kan i mange tilfælde berette om nogle helt specielle oplevelser de har haft, mens de var døde. Selv om der er tale om mange forskellige menneskers oplevelser, er der alligevel mange lighedspunkter. Oplevelsen kan derfor beskrives med et eller flere af følgende karakteristika:

- Følelsestilstand af fred, uden frygt og smerte.
- Følelsen af at være adskilt fra kroppen, der kan ses oppefra.
- En helt klar bevidsthed, der kan bevæge sig overalt og gennem alt, uden begrænsninger.
- At kunne se alt hvad der foregår, og høre hvad der tales om.
- At være bevidst om en anden virkelighed, og at bevæge sig gennem en tunnel.
- At drages mod et klart lys af stor skønhed, og evt. at blive mødt af et alvidende lysvæsen.
- Måske afslører lysvæsnet noget vigtigt for ens fortsatte liv på Jorden, eller måske mødes man af afdøde familiemedlemmer.
- Nogle oplever et hurtigt tilbageblik i hele deres liv.
- Mange har ikke lyst til at forlade lyset, men får at vide, at de ikke skal dø endnu, og må vende tilbage til livet.
- Der findes også et mindre antal beskrivelser af angstfyldte visioner om helvedesriger.
- Mennesker, der har haft en nærdødsoplevelse, opfatter det som en kendsgerning, at bevidstheden fortsætter efter døden.

Det er karakteristisk at mennesker, der har haft en nærdødsoplevelse, forandrer deres liv radikalt. De bliver mere tolerante og kærlige, får større interesse for åndelige værdier, og får et afklaret forhold til døden. Forskning viser endvidere, at minder fra nærdødsoplevelser lader til at have en højere detaljeringsgrad end virkelige hændelser.

Et specielt fænomen i forbindelse med nærdødsoplevelser er ud-af-kroppen-oplevelser, hvor den døende oplever, at han/hun svæver ud af den fysiske krop, og stiger højt op over denne. Herfra kan han/hun se sin egen livløse krop, og måske også, hvordan læger forsøger genoplivning.

I forbindelse med ud-af-kroppen-oplevelser har nogle beskrevet, at deres sjælelige legeme var forbundet med den fysiske krop ved en slags navlestreng; en sølvsnor. Denne sølvsnor har muligvis forbindelse til hjerteområdet. Så længe den er intakt, kan man vende tilbage til den fysiske krop. Hvis den brister, dør man fysisk.

Ud-af-kroppen-oplevelser er ikke kun noget, der kan forekomme, når man er ved dødens grænse. De kan opstå spontant for raske mennesker, f.eks. ved epilepsi, slagtilfælde, chok, stofmisbrug eller tilfældigt. De kan også opleves under de såkaldte klare eller lucide drømme, og de kan fremkaldes bevidst ved meditation.

Livet mellem død og fødsel

Det er vigtigt at man dør på en ordentlig måde. Hvis sjælen ikke erkender at være død, kan den forblive i en slags pinefuld tilstand, hvorfra den ikke kan komme videre, siger den svenske psykiater og parapsykolog Nils-Olof Jacobson. Både han og den czekisk-amerikanske psykiater Stanislav Grof har beskæftiget sig med terapi for døende, og finder at det foreliggende materiale om parapsykologi og dødsoplevelser er så omfattende og overbevisende, at det kan begrunde en rationel tro på en eller anden form for eksistens hinsides den fysiske død.

En af de ældste beskrivelser af tilstanden mellem død og fødsel findes i Den Tibetanske Dødebog, *Bardo Tödröl,* der angives at være forfattet i det 8. århundrede. Det er en religiøs tekst, der bl.a. omhandler *Bardo-tilstanden;* mellemtilstanden mellem død og ny fødsel. Teksten er en praktisk vejledning ved dødsfald, som det er tanken, at man skal læse før døden, eller som skal læses højt for den døende eller henvendt til den afdøde for at sikre, at den døde får hjælp til at erkende sin nye situation og være åben for de muligheder, der viser sig på forskellige stadier i efterlivet. Den er også en vejledning, der hjælper den afdøde gennem de oplevelser, som bevidstheden gennemlever i intervallet mellem døden og den næste genfødsel. Vejledningen beskriver bl.a. hvordan det er muligt at dø på en måde, så man undslipper *karma* og opnår enhed med Altet. Døden og genfødslen i Den Tibetanske Dødebog er adskilt af tre *Bardoer* eller mellemtilstande: 1) *Chikhai Bardo* eller 'Bardo i dødsøjeblikket', der giver mulighed for at opleve 'virkelighedens klare lys', eller i det mindste det nærmeste man er i stand til at komme på den rene åndelige tilstand. 2) *Chonyid Bardo* eller 'Bardo til erkendelse af virkeligheden', der giver mulighed for at opleve visioner af forskellige Buddha-tilstande, eller det nærmeste man er i stand til at komme denne oplevelse. 3) *Sidpa Bardo* eller 'Bardo for genfødsel', der giver mulighed for oplevelse af karmiske scenerier, som i sidste ende kan føre til genfødsel. Tilstanden i *Bardo* udgør resultatet af den afdødes bearbejdning af tanker, følelser og handlinger fra det fysiske liv.

Tilstanden mellem død og fødsel er beskrevet af flere forfattere, bl.a. Rudolf Steiner, Martinus, Neale Donald Walsch og Bruce Moen. I den forbindelse kan det anbefales at læse Martinus-artiklen: *'Gennem dødens port - søvnen og døden'*, der kan downloades fra Martinus Instituttets hjemmeside.

Reinkarnation

Som det fremgår af beskrivelserne af hinduisme og buddhisme er reinkarnation et udbredt begreb indenfor østlige religioner, som betegner, at et dødt menneskes sjæl, eller bevidsthed, har forladt legemet og genfødes i et nyt legeme.

"Reinkarnation rummer en særdeles beroligende forklaring på virkeligheden, hvormed indiske tænkere overvinder problemer, som forbløffer europæiske tænkere" - *Citat af Albert Schweitzer*

Men hvad forstås ved begrebet sjæl? Svaret skal søges i indisk religiøs filosofi, hvor mennesket opfattes som bestående af sjælen plus 3 legemer: 1) Den fysiske krop. 2) Astral-legemet, som indeholder følelserne. 3) Mental-legemet, som indeholder tankerne. Sjælen gnnemtrænger alle tre legemer. Sjælen, Astral-legemet og Mentallegemet er energilegemer af elektrisk natur, og danner et energifelt omkring den fysiske krop. Når den fysiske krop dør, forlader sjælen kroppen og tager Astrallegemet og Mentallegemet med sig. En mere udførlig beskrivelse findes i bogens tredje del, 'Metafysik-ken - om verden', under 'Reinkarnation', 'Sjælen og dens subtile legemer'.

Videnskaben kan i dag bekræfte tilstedeværel-sen af dette energifelt, eller dette 'større legeme', som den fysiske krop indgår i. Igennem dette energifelt skaber vi vores oplevelser af virkelig-heden. Energifeltet, eller energilegemerne, er forbundet til den fysiske krop gennem syv primære centre, *chakraer,* der er placeret langs med og op over rygsøjlen. Disse centre har forskellige fysiske og psykiske egenskaber, og afspejler forskellige bevidsthedsniveauer. Centrenes funktion er bl.a. at fordele livsenergi, *prana,* i kroppen.

Genfødsel, sjælevandring eller reinkarnation kan ikke bevises ud fra almindelige naturvidenskabelige kriterier, da situationen ikke lader sig efterprøve ved forsøg. Efterfølgende *Bevis på reinkarnation* skal derfor bedømmes på grundlag af, at der foreligger 2.500 videnskabeligt efterforskede reinkarnationsminder af lignende karakter.

De seneste årtiers forskning inden for bevidsthed og kvantefysik bekræfter østens tusindårige tese om, at bevidsthed er grundlaget for alt eksisterende. Energi kan ikke forsvinde, men kan omformes til andre energiformer. Reinkarnation kan derfor ses som den naturlige proces af genanvendelse af menneskelig energi gennem fødsel, vækst, forfald og død, hvor hver genfødsel er et led i en uendelig kæde af latente indtryk, følelser, tanker og handlinger. I en ny krop får sjælen, eller bevidstheden, mulighed for at lære af fortiden, leve i nutiden og forberede sig på fremtiden.

Bevis på reinkarnation

Den 28. august 1939 tager den 48-årige manuskriptforfatter Sidney Coe Howard fra Hollywood ud til sit landsted. Han har lige færdigskrevet en film, som vil blive verdensberømt. På landstedet går han ind i garagen og starter sin traktor med håndsving, men er ikke opmærksom på, at traktoren står i gear. Traktoren kører derfor frem og maser ham op mod garagens bagvæg, med det resultat at han dør.

71 år senere: I byen Norman i staten Illinois bor familien Williams bestående af moderen Jennifer, faderen James, lillesøster Sally, Eric og storesøster Lis.. Eric har fødselsdag den 21. juni og er lige fyldt 4 år. Han er en helt normal dreng, men lige siden han var helt lille har han sagt usædvanlige ting, som hans forældre finder surrealistiske. Han taler altid om 'sin anden familie' og om 'det hus han har', hvilket bekymrer hans forældre og gør dem kede af det. Fra han var 2 år gammel insisterede han på, at hans fødselsdag ikke er den 21. men den 26. juni. Han insisterede også på, at hans 'rigtige mor's navn og hans mellemnavn er Coe og ikke Cole. Han siger også, at han døde som 48-årig og at hans datter hedder Jennifer, hvorfor hans nuværende mor må være hans datter. Næsten hver eneste nat har han mareridt om 'en bil, der klemmer hans arm', og han hader at blive krammet og klemt. Eric er i øvrigt en noget indesluttet dreng, der ikke fortæller noget af sig selv, og bliver trist når familien stiller spørgsmål. Siden han blev 3 år gammel, har han insisteret på at ville tage af sted på arbejde i Hollywood, der ligger 3.500 km fra hans nuværende hjem. På spørgsmålet om, hvad han laver der, svarer han at han skriver film.

Familien nævner en lang række film, som Eric ikke genkender. Først da de nævner '*Borte med blæsten'* siger han: "Ja, det er min film". Da familien er usikre på, hvordan den skal forholde sig til Eric´s situationen, søger den til sidst hjælp.

Jennifer kontakter derfor University of Virginia i Charlotteville i Virginia, der som de eneste i verden har et center, der videnskabeligt forsker i efterlivet. Centret har gennem de sidste 40 - 50 år opbygget verdens største arkiv for reinkarnationsminder fra hele verden. Det omfatter 2.500 efterforskede tilfælde. Heraf har 70 % haft en unormal død, mens 35% lider af traumer fra dødsfaldet. 600 af børnene i arkivet lider af alvorlige fobier, og 500 af børnene har fødselsmærker eller medfødte fysiske defekter. I disse tilfælde er der indhentet oplysninger fra ligsynsrapporter om tidligere personers dødsmåde. Ved at sammenholde fødselsmærker, defekter og fobier med de tidligere personers dødsmåde har man konstateret et stort sammenfald.

I Eric´s tilfælde kunne Sidney Coe Howard´s datter, Jennifer bekræfte, at hendes far døde 48 år gammel som tidligere beskrevet, at hans fødselsdag er 26. juni, og at hendes farmor hed Coe. Eric´s natlige mareridt, om 'en bil, der klemmer hans arm', svarer også til den måde Sidney Coe Howard døde på. På alle områder var der således sammenfald. Hele historien kan ses på video på You Tube under: *'Sjæl og Videnskab - liv efter livet'.*

Bibelen - tolkninger

Hvordan Bibelens ophavsmænd har opfattet verden

Når vi nu ved, at universet blev skabt for 13,8 milliarder år siden, kunne vi jo blot vælge at afvise beretningerne i Det Gamle Testamente om Genesis, 'Verdens skabelse', 'Adam og Eva' og 'Syndefaldet' m.fl. som skrøner. Vi kan dog også vælge at anskue dem som udtryk for hvordan en anden tids mennesker har opfattet deres transpersonlige oplevelser af verdens skabelse.

Fra beretningerne i Det Gamle Testamente ved vi, at profeter som Moses, m.fl. havde transpersonlige oplevelser. De overnaturlige oplevelser, eller åbenbaringer, fandt tilsyneladende sted både som en slags mentale 'samtaler' og mentale billeder, og blev sandsynligvis oplevet i trancelignende tilstand eller i drømme. Af beretningerne fremgår det også, at der var tale om en personlig gudsopfattelse, hvor Gud blev tillagt menneskelige motiver.

Oplevelserne har naturligt nok været præget af hvordan profeterne opfattede verden på den tid oplevelserne fandt sted. Transpersonlige oplevelser opfattes forskelligt af de forskellige religiøse kulturer, eller som Thomas Aquinas udtrykte det: "De ting der erkendes, er hos den erkendende afhængig af den erkendendes tilgang". Dette grundlæggende princip for erkendelse kan anvendes bredt, for den erkendendes tilgang er forskellig i de forskellige religiøse traditioner, som derfor har skabt forskellige opfattelser af det guddommelige.

For Det Gamle Testamentes vedkommende afspejler beretningerne således det verdensbillede stammefolk i Mellemøsten havde fra ca. 2.000 år før og op til vor tidsregning. Beretningerne i Første til Femte Mosebog stammer fra fire forskellige kilder, og de er undertiden i modstrid med hinanden. De er formodentlig nedskrevet omkring 700-tallet før vor tidsregning. For at forstå beretningerne er det nødvendigt at fortolke dem ud fra den mere oplyste tidsalder vi nu lever i.

Det Gamle Testamentes ophavsmænd har opfattet Gud som den nidkære, strenge, dømmende og straffende guddom. At de har tillagt Gud sådanne egenskaber, afspejler deres egne menneskelige begrænsninger, hvorfor deres religiøse erfaringer kan være iblandet selvbedrag. Deres gudsopfattelse står i modsætningsforhold til den gudsopfattelse Jesus giver udtryk for gennem beretningerne i Det Nye Testamente, hvor der tegnes et billede af en Gud, der overvejende må opfattes som barmhjertig, kærlig og tilgivende.

Om at forstå Bibelen

Skabelsens mentale spillefilm begynder ved Genesis, 'Verdens skabelse', der beskriver alt hvad der kom fra Gud. Problemet er, at meget få mennesker forstår Bibelen. De bibelske sandheder behøver ikke nogen revision; det gør derimod menneskenes fortolkninger af dem. Da beretningerne ofte er udtrykt i metaforiske vendinger, er de dybe sandheder i Bibelen, i mange tilfælde, skjult bag ordenes bogstavelige betydning, og skal findes gennem fordybelse, og ved at de spirituelle sandheder bekræftes ved hjælp af intuition.

Hvis Bibelen fortolkes bogstaveligt i stedet for symbolsk, bliver forestillingen om Gud umulig. At forestille sig en gud, der i bogstaveligste forstand er ansvarlig for alt, hvad der sker på Jorden, indebærer uhyrlige selvmodsigelser. Bibelens Gud vil da ophøre med at være et symbol på en transcendent virkelighed, og bliver til en grusom og despotisk tyran.

Tolkninger

Genesis, 'Verdens skabelse': De 6 dage i denne beretning skal naturligvis forstås som 6 cyklusser à mange milliarder år. Se øvrige fortolkninger under *Vedanta-filosofien - tolkninger.*

*'Adam og Eva': M*ennesker var allerede blevet skabt i den 6. cyklus af Genesis. Beretningen om, at manden og kvinden blev skabt i 'Guds billede' skal derfor forstås i overført betydning. Mand og kvinde er Guds to naturer, fornuft og følsomhed, udtrykt i forskellige legemer. I manden satte Gud fornuft over følsomhed og i kvinden satte han følsomhed over fornuft. Beretningen handler således om skabelsen af den menneskelige psyke.

'Syndefaldet': I denne beretning er 'Slangen' den udgående strøm af livsenergi, der stimulerer det seksuelle udtryk. 'Haven' er det menneskelige legeme. 'Træerne' er forskellige nervesystemer. 'Frugten' er følelse. 'Frugten af det træ, der står midt i haven' er derfor den seksuelle følelse, der er beliggende midt i kroppen. 'Dø' betyder her at miste guddommelig bevidsthed ved at stige ned til seksuel bevidsthed.

'Ordet' der skabte universet: Bibelen har tre skabelsesberetninger: Genesis, 'Verdens skabelse' og 'Adam og Eva'i Det Gamle Testamente, samt 'Ordet' i Johannes-evangeliet i Det Nye Testamente. 'Ordet' er en speciel beretning, idet den bekræfter såvel videnskabens som indisk religiøs filosofi´s udlægninger af universets skabelse.

Versene ,1-1,3 og, 1,14 og Johannes Åbenbaring 3,14 lyder henholdsvis: "I begyndelsen var Ordet, og Ordet var hos Gud, og Ordet var Gud. Han var i begyndelsen hos Gud. Alt blev til ved ham, og uden ham blev intet til af det, som er...", "Og Ordet blev kød og tog bolig iblandt os...", samt "Det siger Amen, det troværdige og sanddru vidne, Guds skabnings ophav".

Versene skal forstås således: 'Ordet' er det samme som tanke, bevidsthed, intelligens, men det er også helt konkret ordet, Om, Aum, Amin, eller Amen – den Kosmiske Vibration, eller Helligånden. At 'Ordet blev kød' betyder skabelsen af det synlige, materielle univers. Skabelsesprocessen sættes altså i gang ved at Gud bringer sig selv (sin bevidsthed) i vibrerende bevægelse.

Eksempelvis er den elektromagnetiske stråling i universet energi i bevægelse eller vibration. Det strålingsspektrum vi har kendskab til går fra lavfrekvent til højfrekvent stråling, og omfatter et lavfrekvent elektromagnetisk felt, radiobølger, mikrobølger, optisk stråling bestående af infrarød stråling, synligt lys og ultraviolet stråling, samt ioniserende stråling, bestående af røntgenstråling og gammastråling. Andre eksempler på energifelter er det elektroniske, det protoniske og lydbølger. Dertil kommer yderligere en lang række andre kendte energifelter, samt et ubegrænset antal endnu ukendte energifelter, som venter på at blive opdaget.

Fra Einsteins specielle relativitetsteori, og også eftervist ved forsøg, ved vi at energi kan omdannes til stof. Derfra er der ikke langt til at forestille sig, at de forskellige former for energi har deres oprindelse i Guds bevidsthed. Det er således Ordet, den Kosmiske Vibration eller Helligånden, der sætter skabelsen af universet i gang; en fortolkning der stemmer ganske godt overens med de naturvidenskabelige teorier om universets tilblivelse.

Det vibrerende univers

Hvis vi forestiller os at universet henholdsvis udvider sig og trækker sig sammen cyklisk, så vil der, når skabelsen trækkes tilbage fra manifestation ved slutningen af en cyklus, kun eksistere Ånd, det Umanifesterede Absolutte, der ikke har nogen begyndelse og slutning. Gud er det Manifesterede Absolutte, der projicerer sig selv som Kosmisk Intelligent Vibration, eller Ordet, som til gengæld manifesteres i mange former: Faste stoffer, væsker, gasser, elektroner, og energi; og alle disse former har begyndelse og en slutning.

Hvordan kan det være, at den Kosmiske Vibration, en universel kraft, manifesterer sig selv på så forskellige måder? Det skyldes Kosmisk Intelligens, der organiserede den Kosmiske

Vibration, og forårsagede at den udskilte sig i disse forskellige former for stof, liv, menneskelig intelligens, osv.

I Ånd er tilstanden af væren, handlingen at iagttage, og genstanden for iagttagelse alle den samme, fordi der ikke er nogen vibration. Vibration er enhver mental, astral, eller fysisk (atomar) bevægelse. Tanke, energi, og endeligt stof er forskellige vibrationsniveauer, forskellige former for bevægelse. Da Ånden skabte det vibrerende univers af endeligt stof, var den første manifestation vibration – vibrationen af tanke. Ånden blev til tre: Skaberen, skaberkraften, og det skabte objekt (det endelige univers). Gud i skaberrollen er vibrerende Intelligens.

Denne vibrerende Intelligens manifesterer sig som kosmisk intelligent energi. I legemet genfindes denne kosmisk intelligente energi i det spirituelle øje, der kan ses i dyb meditation. Vibration har lyd, og den kosmiske lyd, en anden manifestation af den vibrerende Intelligens, genfindes i legemet som lyden Om, der kan høres under dyb indre stilhed. Ved at se gennem det spirituelle øje ses hele universet som lys.

Det kristne symbol duen, der stiger ned fra himlen, repræsenterer Helligånden, der stiger ned som hellig vibration for at skabe det endelige kosmos. Ånd, Gud Faderen, Kosmisk Intelligens, Kosmisk Energi, livskraft (Kosmisk Energi manifesteret gennem kroppen), Kosmisk Lyd, Ordet (Pranava, Aum, Amin, Amen, 'De Mange Vandes Stemme'), og Helligånd er alle navne, der kan henføres til forskellige aspekter af den Intelligente Kosmiske Vibration. I Hindu templer repræsenterer trommeslag, blæsen i konkylier, og ringning med klokker den kosmiske lyd, der udgår fra de skabte bestanddeles vibrerende bevægelse.

Kristusbevidsthed og Helligånd

Bevidstheden, der eksisterer hinsides skabelse, er det vi kalder Gud Faderen. Hans rene reflekterede bevidsthed i skabelse kaldes Kristusbevidsthed. Vibrationen, der strukturerer al skabelse kaldes Helligånden. Hele Universet er Guds fysiske legeme, og Kristusbevidstheden er hans intelligens, manifesteret i dette store legeme. Det lille menneskelige legeme er et miniatureunivers. Vores lille bevidsthed er Kristusbevidstheden i en miniature. Hvis vi udvider vores bevidsthed, kan vi opnå den Kristusbevidsthed, der er manifesteret i Universet. Vores bevidsthed er nu begrænset til vores legeme. Ved at lytte til den kosmiske lyd, der udgår fra den kosmiske energi, kan vores bevidsthed blive ét med den - allestedsnærværende i Universet.

Lyden, der udgår fra alle atomer, er lyden af den universelle vibration, Om, eller Helligånden. Når vi hører den lyd, er der blevet bygget en bro mellem os og Kristusbevidstheden, tværs over uvidenhedens strøm. Når vi hører den kosmiske lyd, er vi i kontakt med Kristus. Det er den sikreste måde at kontakte Gud på. Vores bevidsthed er nu travlt beskæftiget med de lyde, der kommer fra verden og legemet. Men når vi hører den kosmiske lyd, som kan høres i dyb meditation, så vil vores bevidsthed blive udvidet, indtil den bliver ét med den bevidsthed, der er til stede i alle atomer. Den bevidsthed er Kristusbevidsthed. Når vi har opnået Kristusbevidsthed, er vores bevidsthed udvidet til at se alt.

Gud Faderens aktive intelligens i skabelse er Kristusbevidsthed. Den eneste adgang til denne bevidsthed er gennem Helligånden, 'det trofaste vidne', eller lyden, der udgår fra den vibration. Jesus lovede, at han, når han var borte, ville sende 'Talsmanden' (Johannes-evangeliet 14,15 – 14,31). Det er den store lyd, Om eller Amen. Når vi er i kontakt med den lyd, kan vi vokse med den og blive ét med den universelle Kristusbevidsthed.

Vedanta-filosofien - tolkninger

Hvordan Vedanta's ophavsmænd har opfattet verden

Hvordan kan det være at man i Indien, mange tusinde år før de øvrige kendte religioners opståen, havde en så højt udviklet kultur og viden, at man var i stand til at beskrive universets skabelse på en måde, der på mange områder harmonerer med de moderne naturvidenskabers opfattelse? Svaret skal bl.a. søges i Indiens spirituelle og filosofiske traditioner.

Ophavsmændene til Vedanta, de såkaldte *rishier,* var ofte brahminer, dvs. medlemmer af præstekasten. Til forskel fra Det Gamle Testamentes ophavsmænd, udviklede *rishierne* en række fysiske og mentale discipliner (*yoga*), hvorved de, bevidst og på videnskabelig måde, opnåede en tilstand af sand oplysning (*nirbikalpa samadhi)*. I denne højere bevidsthedstilstand blev de i stand til at erfare og erkende den højeste virkelighed bag alle navne og former. Det var således ved at omsætte religion til praktisk handling at skrankerne mellem den enkelte og det Absolutte blev overvundet. I denne tilstand blev de ét med det Absolutte, samtidig med at de var sig denne enhed bevidst, ligesom de fyldtes af godgørende, uselvisk kærlighed og barmhjertighed som reaktion på det Absoluttes nærvær.

'Verdens skabelse' ifølge Hindu-skrifterne

De Indo-Ariske skrifter daterer sig 10.000 år tilbage før vor tidsregning. De fortæller at universet er delt i: 1) Et idémæssigt eller kausalt univers, der er Guds idé, der påvirker stof eller vibrationskraft, 2) et subtilt eller astralt univers af finere kræfter i form af elektricitet, gravitation, tiltrækning, frastødning, elektroner og livsenergi; kræfter der er uden for sansernes opfattelse, og 3) et materielt univers af grovere vibrationer, f.eks. faste stoffer, væsker og luftarter.

Stoffets vibrationsniveau er ledet af Guds intelligens. Faste stoffer, væsker, luftarter, m.v. manifesteres alle i en eller anden bestemt form. Det materielle univers er blevet dannet af guddommelig intelligens. Alt i det er en manifestation, ikke blot af en idé, men også af nogle nyttige korrelationer; f.eks. Gud skabte sult, men han skabte også føde til at tilfredsstille den. Idé-Universet indeholder blåtrykket til det astrale univers, der til gengæld indeholder planen til det materielle univers. Det sidste er synligt, de andre er subtile.

Beskrivelserne af cyklerne i Genesis forstås bedre når de studeres i forbindelse med Hindu skrifterne. Ifølge disse har fysisk skabelse fem *koshas* (evolutionsstadier), som alt stof skal gennemgå for at blive spiritualiseret og frigjort. Det er en del af skabelsesdramaet at sjælen, en lillebitte gnist af Ånd, gennemgår disse stadier før den bliver genforenet med det Uendelige. Gud siges at sove i den tørre jord, drømme i planterne, vågne i dyrene, i mennesket at vide at han er vågen, og i det oplyste menneske at genvinde sin tabte allestedsnærværelse. Enhver sjæl skal derfor stige op ad de samme trin på evolutionsstigen, som den steg ned. Ingen kan nå Ånden uden først at opløse de relative bevidsthedstilstande i de fysiske, astrale og mentale legemer.

Det Udelelige Uendelige får sig selv til at fremtræde delt, eller endeligt, ved hjælp af den bedrageriske kraft *Maya;* den magiske måler. Det Uendelige er som oceanet, der aldrig ændrer sin væsentlige natur, selvom dets bølger konstant ændrer dets udseende. Ånd vibrerede til stof, og dog eksisterer stof ikke på den måde, som det fremtræder for os; endeligt og delt til mangfoldige former. Det tilsyneladende faste fysiske univers eksisterer kun som en illusion.

Den Kosmiske Vibration deler sig selv til tre former for skabelse: 1) Den idémæssige, hvor Universet udelukkende eksisterer som idé, 2) den astrale, hvor idé-vibrationer kondenserer og deles til grovere manifestationer af lys og energi, og 3) adskillelsen af de astrale vibrationer til et astralt kosmos af subtilt lys og energi og det grove fysiske kosmos, hvis basiselementer er æter, luft, ild, vand og jord.

I Genesis´ anden cyklus bliver lyset delt til fine og grove bestanddele. I den tredje cyklus fremstår tørt land og planter. I den fjerde cyklus bliver planetariske forhold afklaret. I den femte cyklus bliver fisk fugle og dyr skabt. Og i den sjette cyklus bliver mennesket skabt. Men hvorfor sagde Gud: "Lad os skabe mennesker i vort billede, så de ligner os! " og ikke: "Lad mig skabe mennesker i mit billede"?

Antag at en mand ønsker at bygge et hus. Han skaber da først huset som idé. For at udføre og supplere sin idé om huset indkalder han arkitekter, ingeniører og entreprenører. De gør det egentlige arbejde med at bringe hans idé til manifestation. Tilsvarende adskiller Gud sin kosmiske bevidsthed, fra hvilken idéen om skabelse blev undfanget, til syv subjektive former for bevidsthed; hans arkitekter og entreprenører, som udfører hans skabelsesidé og frembringer Universet og, til sidst, mennesket.

Da Gud sagde: "Lad os skabe mennesker i vort billede, så de ligner os!" udtrykte eller vibrerede han ønsket om at skabe mennesker efter billeder og planer udviklet af hans subjektive afkom; opdelinger af hans bevidsthed, der fungerer som hans befuldmægtigede ved skabelse og kontrol af forskellige skabelsesområder.

Da Ånden besluttede at skabe, antog dens kosmiske bevidsthed aspekterne: 1) Gud Faderen, der eksisterer hinsides skabelse, 2) Kristusbevidstheden; den enbårne Søn, eller refleksion af Gud Faderens intelligens, der er til stede i uforstyrret tilstand under skabelsen, og 3) Helligånden eller den Kosmisk Intelligente Vibration, den aktive objektiverende kreative kraft, der strukturerer al skabelse.

Guds kosmiske bevidsthed, der er til stede i Universet i uforstyrret tilstand kaldes *Kutastha Chaitanya* (Kristusbevidsthed). Kristusintelligensen deler sig selv i seks subjektive refleksioner af kosmisk bevidsthed; og Helligånden deler sig selv til seks objektive manifestationer af Kristusintelligensen. Kristusintelligensen og dens seks subjektive refleksioner er 'de syv ånder foran Guds trone', beskrevet i Johannes´ Åbenbaring 4,6.

Helligåndens vibration skabte seks objekter eller ydre manifestationer af Kristusintelligensen: Et idémæssigt kosmos, et astralt kosmos, og et fysisk kosmos; og deres gentagelser i mennesket; det mentale legeme, det astrale legeme, og det fysiske legeme. De seks objektive skabelser kan klassificeres som én; Helligånden, der styres af den suveræne Kristusbevidsthed, i hvilken de seks subjektive refleksioner af Gud Faderens kosmiske bevidsthed bliver én.

Kristusbevidsthedens seks subjektive refleksioner (tre makrokosmiske og tre mikrokosmiske) er: Makrokosmisk - 1) *Iswara*, den kosmiske arkitekt, der styrer det idémæssige kosmos, 2) *Hiranyagarva*, den kosmiske ingeniør, der styrer det astrale kosmos´ energier, og 3) *Birat*, den kosmiske bygmester af det fysiske univers. Mikrokosmisk - 4) *Pragnya*, skaberen af menneskelig bevidsthed, 5) *Taijas*, ingeniøren, der styrer menneskets astrale legeme, og 6) *Biswa,* bygmesteren af menneskets grove fysiske legeme.

Den Kosmiske Bevidsthed, der er til stede makrokosmisk og mikrokosmisk i hele det vibrerende univers er én og samme - Helligånden. I dens makrokosmiske aspekt kaldes den *Maya* (universelt blændværk). I dens mikrokosmiske aspekt kaldes den *Avidya* (individuelt blændværk). Eksistensen af en endelig skabelse er faktisk uvirkelig; heraf betegnelsen *Maya* eller kosmisk blændværk for den intelligente Helligånds-vibration, der strukturerer skabelsen. Ved mikrokosmisk manifestation i mennesket kaldes *Maya, Avidya,* eller individuelt blændværk, fordi den også giver mennesket illusionen om at skabelsen er virkelig, og at det og kosmos eksisterer adskilt fra Gud.

Ifølge Hindu-skrifterne fungerer kosmos således efter en bestemt plan, hvor universet styres af Gud og hans syv refleksioner, eller 'syv ånder foran hans trone'. Gud delte sig til mange kosmiske personligheder, som udarbejder og styrer skabelsens detaljer. Alt blev planlagt og udført af Gud og hans syv engle: Kristusbevidstheden og dens seks intelligente refleksioner, som virker gennem Helligånden. Stjernerne, solen, månen, årstiderne, civilisationerne, m.v. ændrer sig ikke på mystisk eller tilfældig vis, men efter en bestemt plan, modificeret af menneskets frie vilje.

Ikke blot blev mennesket skabt i Guds billede; det blev skabt efter at Guds syv befuldmægtigede var skabt. Det tog store forberedelser, og skabelsen af de idémæssige, astrale og materielle universer, før Gud var klar til at skabe mennesket.

Konklusioner

I Kristendommen og Islam er Gud en antropomorf gud, dvs. en gud, der er tillagt menneskelige træk. Det er en faderfigur, der kan gribe ind og ændre i vores tilværelse. Der ses dog ikke at finde nogen indgriben sted, selvom det måske kunne være ønskeligt i en verden præget af vold, naturkatastrofer og sygdom. Hvorfor ikke? Fordi der ikke kan anlægges en menneskelig målestok for Kosmisk Bevidsthed. Det er overladt menneskeheden selv at løse sine jordiske problemer. I begge religioner fører fundamentalistisk fortolkning til voldsudøvelse. Dette gælder specielt for islam. Grunden hertil er at Koranen bruges som lovgrundlag i nogle muslimske lande, hvilket fører til undertrykkelse af kvinder, minoritetsgrupper og andre trosretninger. Når rabiate imamer og mullaher samtidig prædiker had og vold mod andre trosretninger, kan resultatet heraf ses i form af de talrige islamiske terrorbevægelser. Følgelig udgør fortolkningen af islam nu en trussel mod fred i verden.

Hinduisme og Buddhisme er, i modsætning til Kristendom og Islam, ikke baseret på ideologier, men er filosofiske systemer, eller spirituelle love, baseret på søgen gennem sindet, metafysik og logik, udviklet over mange århundreder. Her skal mennesket søge at finde ud af, at dets egen sjæl er identisk med Kosmisk Bevidsthed. Loven om karma er den livslov, der bestemmer hvilken eksistens sjælen får efter en ny fødsel. Det er derfor menneskets handlinger og livsstil, der bestemmer den næste genfødsel.

Sammenholder vi naturvidenskabernes teorier og viden om universet med tolkningerne af Bibelen og Vedanta-filosofien, finder vi at der, på nogle områder, er sammenfald mellem dem. Det fremgår således, at mennesket, som en del af det skabte, må være en del af Kosmisk Bevidsthed. Mennesket siges at være skabt i 'Guds billede', dvs. som en udødelig sjæl, en lillebitte gnist af Ånd. Det fysiske legeme må derfor betragtes som sjælens redskab, som vi har til rådighed i en begrænset periode, og som afkastes når det er slidt op af alder, eller på grund af sygdom eller ulykke. Sjælen selv er udødelig og vil, højst sandsynligt, fortsætte med at inkarnere indtil den, til sidst, forenes med Kosmisk Bevidsthed.

Mange millioner mennesker har haft en nærdødsoplevelse, som bekræfter dem i, at livet fortsætter efter denne tilværelse. Dette udgør dog ikke noget bevis. Men hvad er årsagen da til disse oplevelser, som opstår uden nogen indblanding af hjerneaktivitet? Videnskaben er ikke i stand til at besvare spørgsmålet. Noget kunne indikere, at den fysiske hjerne er et redskab for bevidstheden.

Beviset på at reinkarnation er en realitet findes på University of Virginia, i de 2.500 videnskabeligt efterforskede reinkarnations-minder fra hele verden. Hos mange af de efterforskede børn har minderne fra det tidligere liv ikke blot efterladt spor i psyken, men også fysiske spor i form af defekter fra den hændelse, der medførte døden i det tidligere liv. Omfanget og kvaliteten af dette materiale er så overbevisende, at det må kunne tilfredsstille skeptiske videnskabsfolk. Det er imidlertid ikke muligt at verificere reinkarnation ved hjælp af videnskabelige metoder. Resultaterne fra det store efterforskningsmateriale må dog anses for at udgøre tilstrækkelig dokumentation til at sandsynliggøre reinkarnation som en realitet.

Reinkarnation vil da også udgøre beviset på, at mennesket er en udødelig sjæl - en evig, bevidst skabning, som er en del af Kosmisk Bevidsthed, eller Gud. Begreberne Kosmisk Bevidsthed, Gud, eller Ånd dækker samme substans. Det er en intelligent kraft, eller energi, sandsynligvis langt mere subtil end de mest subtile energiformer videnskaben i dag har kendskab til.

Tredje del
Metafysikken - om verden

Om indisk religiøs filosofi

Når de videnskabelige opdagelser og teorier om universet, energi og stof sammenholdes med den årtusindgamle visdom, der findes i Indiens religiøse, filosofiske skrifter, konstateres et bemærkelsesværdigt sammenfald, som næppe kan bero på rene tilfældigheder. Intet land i verden har gennem tiderne fostret så mange store åndelige skikkelser som Indien. De religiøse, filosofiske skrifter tilskrives sådanne mænd/kvinder, der har indhentet deres viden fra et højere bevidsthedsplan ved at søge gennem sindet.

Det vil være vanskeligt at finde andet kildemateriale, der kan belyse det metafysiske område så indgående, som disse skrifter, hvilket forklarer brugen heraf. Nedenfor fortælles lidt om de skrifter, der refereres til, og den kultur de udspringer af.

Tolkning af tredje del af denne bog må tilskrives dels Paramahansa Yogananda (1893 – 1952) og dels hans guru (spirituel lærer) Jnanavatar Swami Sri Yukteswar Giri (1855 –

1936). Man kan måske undre sig over, at indiske yogier (udøvere af yoga) også udviser interesse for Bibelen. En af årsagerne hertil er, at Jesus Kristus, af den linje af guruer, som Paramahansa Yogananda og Swami Sri Yukteswar tilhører, æres som en gudssøn ligesom Bhagavan Krishna (den indiske Kristus). En anden årsag hertil er, at Swami Sri Yukteswar i 1894 fik betroet en opgave af sin paramguru (gurus guru) Mahavatar Babaji, der udtalte: "Swamiji, vil De på min anmodning skrive en kort bog om den grundlæggende overensstemmelse mellem kristendommens og Indiens hellige skrifter. Deres basale harmoni er nu formørket af menneskers sekteriske uenigheder. Vis ved sammenlignende henvisninger, at de inspirerede gudssønner har talt de samme sandheder".

Swami Sri Yukteswar er et ideelt eksempel på en oplyst *rishi* (vismand/-kvinde), og æres som en *jnanavatar* (visdommens inkarnation). Swami Sri Yukteswar skrev bogen THE HOLY SCIENCE, der afslører dyb indsigt i hvad der ligger bag den fysiske verden, og bl.a. giver uddybende forklaringer til en række *sutraer* (aforismer eller formler) fra *Upanishaderne* - de filosofiske skrifter, der også er kendt under navnet *Vedanta. Upanishaderne* afslutter hver af de fire *Vedaer: Rig-, Sama-, Yajur- og Atharvaveda* – verdens ældste religiøse, filosofiske skriftsamlinger. Før *sutraerne* blev nedskrevet, blev de overleveret som udenadslære fra guru til discipel i generation efter generation, gennem mange århundreder. *Sutraerne* er, som tidligere nævnt, udformet som aforismer eller formler, hvilket tjente til både at lette overleveringen og at gøre indholdet vanskeligt tilgængeligt for ukyndige.

I sutraerne beskrives bl.a. atomet som grundlag for skabelsen af det fysiske univers - en indsigt som naturvidenskaberne først har erhvervet sig inden for de sidste to hundrede år. Videnskaben anser i dag det enkleste af alle grundstoffer, brintatomet, for at være udgangspunktet for skabelsen af alt andet stof i universet. Og mens vi, indtil for 500 år siden, stadig anså Jorden for at være universets midtpunkt, så vidste *rishierne*, mange tusinde år tidligere, hvordan universet var indrettet. Noget af denne viden synes stadig upåagtet af den moderne videnskab, f.eks. oplysninger om at vores solsystem roterer omkring et andet solsystem med en omdrejningshastighed på ca. 24.000 år. Disse to solsystemer roterer igen omkring et stort center (hermed menes sandsynligvis Mælkevejens centralområde), som er sæde for den universelle magnetisme, der styrer den indre verdens mentale udvikling. Med tiden vil disse oplysninger muligvis kunne bekræftes af videnskaben.

Upanishaderne har et religiøst indhold, der er fundamentalt forskelligt fra indholdet i de oprindelige fire Vedaer. De fremhæves da også som en ny lære, der repræsenterer en højere kundskab, som i realiteten tager afstand fra Veda-religionen, herunder billeddyrkelse. Indhold af de oprindelige fire Vedaer er da, for en stor dels vedkommende, heller ikke længere i brug hos den indiske befolkning som helhed.

De ældste og betydeligste Upanishader er nedskrevet mellem år 1000 og 500 før vor tidsregning. De indeholder livsfilosofi og erkendelsesteori uddraget af Veda-litteraturen. I de følgende århundreder videreudvikles dette stof i Vedanta-sutraerne til egentlige filosofiske systemer, eller spirituelle love. Opdagerne af disse love kaldes rishier. Ved at søge gennem sindet, metafysik og logik nåede rishierne frem til erkendelsen af den universelle Ene – den rene Væren bag alting.

I det indiske samfund er de spirituelle traditioner livskraftige og holdes i hævd, og de mennesker, der har opnået selvrealisation, er agtede og respekterede. Det specielle guru/-discipel forhold har således dybe rødder i det indiske samfund. Tilbage i tiden før vor tidsregning og op til i dag har der i alle generationer eksisteret guru/discipel-miljøer. Ordet Upanishad betyder 'at sætte sig ned hos', og betegner disciplens stilling ved lærerens fødder. Denne betydning forklarer samtidig at Upanishaderne i århundreder, før de blev nedskrevet, oprindelig blev mundtligt overleveret. Den sande guru har opnået den højeste bevidsthedstilstand, hvor egoet er overskredet, eller udslettet. Kun et sådant menneske kan påtage sig ansvaret for at lede disciple på den spirituelle vej.

Det der i vestlig terminologi betegnes hinduisme er en abstraktion, som er fremmed for inderne selv, for hinduisme omfatter ikke én men mange religioner, og er samtidig indbegrebet af indisk livsform. Disse religioners indhold kan være dualistisk eller betinget monistisk, hvor sjælens forhold til guden er personligt, eller monistisk, hvor guden er upersonlig. Det der trods forskelligheder knytter disse mange religioner sammen er, at de alle har indoptaget Upanishadernes filosofiske indhold.

Hinduisme opfattes af mange som en polyteistisk religion. Selvom der dyrkes flerguderi i primitive områder af det indiske samfund, deles denne opfattelse ikke af den uddannede inder. For ham/hende er der kun én gud, der til gengæld rummer mange aspekter, som der kan være sat navne og former på. Han/hun vælger så at tilbede det eller de aspekter af det guddommelige, som han/hun føler sig mest fortrolig med.

Den indiske betegnelse for Vedanta-filosofiens monisme er Advaita (ikke-to eller ikke-dualitet). Det er den anskuelse, at der kun ligger ét princip til grund for tilværelsen, dvs. at intet eksisterer adskilt fra Ånden, men at alt er en form Ånden har udtrykt sig i. Ånden eller det Absolutte eller Gud er den rene Væren eller den upersonlige virkelighed bag alting, som vi alle er identiske med. Advaitas lære er, at man erkender den rene væren som sit eget, universets og alle væseners selv.

Kristendom og hinduisme

Ligheder mellem kristendom og hinduisme.

Selv om man umiddelbart ikke skulle tro det, er der mange ligheder mellem kristendom og hinduisme. Sandheden er den samme. Hvis vi kan finde lighedspunkterne i sande lærer, vil vi se at de indeholder sandheder, og at sandheden er den samme i dem. Forskellene mellem ortodokse religiøse er baseret på overfladiskheder.

Der er næppe nogen religiøs tro i verden, som ikke allerede er blevet afprøvet i Indien; og der er næppe nogen religiøs tro i verden, som ikke har fået sin inspiration, direkte eller indirekte, fra Indien. Religionen i Indien har flere aspekter: Det etiske, det metafysiske og det intuitive. Det sidste er det aspekt af Indiens hellige lærer, ved hvilket religion kan gøres praktisabel, dvs. at tro kan omdannes til egentlig oplevelse af Gud, ved at bringe vores menneskelige bevidsthed i harmoni med sjælens intuitive, guddommelige bevidsthed.

I Indien følges en videnskabelig procedure for at finde en sand lære. Søgende rådes til at søge efter sandhed, indtil de finder en ægte lære, og så at holde fast ved den uden afvigelser. De store lærere påpeger, at ingen kan nå sit mål, hvis man afleder de anstrengelser man gør sig i én retning for at følge enhver anden lære, som man måtte blive opmærksom på. Prøven på en lære er: "Hvad gør denne lære for mit fysiske, mentale og spirituelle velfærd"? Den standard, med hvilken vi kan bedømme den relative værdi og sandhed i alle religioner, er de spirituelle fremskridt, eller den selvrealisation, vi opnår ved at praktisere dem.

Kristendom og Kristusbevidsthed

Sand kristendom begynder naturligvis ved Kristus. Hvor heldigt at kristendom ikke blev kaldt 'Jesusisme', for benævnelserne 'Jesus' og 'Kristus' har forskellig betydning. Ordet kristendom har en meget bredere betydning. 'Jesus' betegner kun Jesus´ fysiske krop, i hvilken Kristusbevidsthed blev født. Det ville være en metafysisk fejltagelse at sige, at Kristusbevidsthed var begrænset til Jesus´ krop. Kristusbevidstheden er universel, og er ikke begrænset dertil, men den kunne vibrere, eller manifestere sig i Jesus´ krop.

Jadava Krishna (eller Kristna) er hinduernes Kristus. Begge disse verdensprofeter kunne retmæssigt gøre krav på samme titel: Jadava i hvem Kristna blev manifesteret, og Jesus i hvem Kristus blev manifesteret. Fra Kristna kom Hindubibelen, Bhagavad Gitas lære; og fra Kristus kom den Kristne Bibels lære.

Hinduerne udforskede religion videnskabeligt og fandt, at der er en universel bevidsthed til stede i ethvert atom, i enhver celle, i ethvert skabt væsen og genstand, og at den er en refleksion af den allestedsnærværende bevidsthed i den Absolutte Ånd bag skabelsen. De kaldte denne bevidsthed, der gennemstrømmer skabelse *Kutastha Chaitaniya* (Kristusbevidsthed). Én betydning af ordet *Kutastha* er 'ambolt', på hvilken mange forskellige ting kan laves, men som selv forbliver uændret. Guds bevidsthed er aktiv i skabelse som Kristusbevidsthed, og dog forbliver Kristusbevidstheden i al væsentlighed uændret eller uforstyrret ét med Gud Faderen.

En person, der har harmoniseret sin bevidsthed med Kristusbevidstheden, som Jesus gjorde, kan føle Kristusbevidsthed overalt, i sin krop og hvor som helst der er vibration. Jesus kunne føle sin bevidsthed overalt i verden og overalt i rummet, fordi Kristusbevidsthed er en universel bevidsthed. Da han var ét med den, så han alle væsener, alle genstande, som refleksioner af Gud; og han kunne elske alle skabninger som udtryk for Gud. Når vi kan føle den upersonlige, altomfattende kærlighed til enhver skabning, er vi i harmoni med Kristusbevidsthed.

Jadava Krishna af Indien levede ca. 3.000 år før Jesus, og ordet Kristus eller Krishna, som det kendes i Indien, opstod med ham, fordi han udtrykte den universelle bevidsthed. Ligesom Jesus gjorde senere, udførte Krishna mange mirakler; og der er endog mange ligheder i deres livshistorier. Mirakler kommer som en naturlov til dem, der kender Gud, som Krishna og Jesus gjorde. Men de som bliver knyttet til mirakler vil miste Gud. Gud må være vores hjerters eneste mål. Både Jadava Krishna og Jesus Kristus talte om den universelle Kristusbevidsthed. De havde overvundet den uvidenhed, der adskilte deres menneskelige bevidsthed fra Kristusbevidsthedens ocean, og var blevet ét med det.

Formålet med religion er at udvide den menneskelige bevidsthed indtil den forenes, bliver ét med, den universelle Kristusbevidsthed, ligesom Jadava Krishna og Jesus Kristus gjorde. Hvordan kan vi gøre det? En måde er at stræbe efter at elske alt hvad der findes. Vi har tilbøjelighed til kun at elske vores familie, venner, og de mennesker og skabninger, som vi er bekendt med. Men at udvide vores kærlighed til at omfatte andre uden for vores små cirkler, er at udvikle sig hen imod Kristusbevidsthed.

Den transcendentale måde at opnå enhed med Kristusbevidsthed er ved meditation. Ved først at forene os med den altgennemstrømmende bevidsthed af Gud i skabelse, føler og forstår vi automatisk vores enhed med alle hans øvrige skabninger, og har nemt ved at elske dem, idet vi anerkender dem alle som værende individuelle udtryk for ham. Vi ved da, at vi alle sammen er en del af hans ene Væren.

Kroppen og dens begrænsede følsomhed prøver konstant at overbevise bevidstheden om, at du ikke er guddommelig, men blot er et kødeligt, dødeligt væsen. Men hver nat viser Gud dig i din søvn, at dit virkelige jeg ikke er kroppen. Din bevidsthed er altid opmærksom. Om morgenen fortæller den dig hvordan du har sovet. Derfor eksisterer du som en bevidsthed, der er uden for og afsondret fra kroppen.

Den hellige treenighed

Forestillingen om én Gud, og om Gud som treenigheden, er den samme i hinduisme og i kristendom. Treenigheden er ikke i modstrid med én Gud, men symboliserer en metafysisk sandhed: At én blev tre. I begyndelsen var der kun Ånd, den Ene. Men så snart Ånden, ud af sig selv, projicerede den kugle af vibrerende lys og kreativ energi, som blev til universet, antog Ånden aspektet treenigheden.

Sfæren af vibration kaldes Helligånden. 'Ånd' betyder vibration, kreativ energi. 'Ånd' betyder også noget usynligt og intelligent. Den kosmiske vibration er både usynlig og intelligent. 'Hellig' betegner dens spirituelle oprindelse og natur; at denne vibration er ledet af Guds intelligens. Hans intelligens er tilstede i skabelse, eller Helligånd, som 'Sønnen'. 'Sønnen' eller Kristusbevidsthed er den eneste uforvrængede manifestation, eller refleksion, af Guds bevidsthed i skabelse.

Forestil dig, at intet eksisterer bortset fra lys. Forestil dig så en krystalkugle komme til syne i lyset. Der er da det oprindelige lys (Far), lyset reflekteret i krystalkuglen (Søn), og krystalkuglen selv (Helligånd). Så vi har Ånd i aspektet Gud Faderen (Guds intelligens, der eksisterer uforstyrret uden for den kosmiske vibration af skabelse), Sønnen (Kristusbevidstheden, eller den enbårne, dvs. den eneste reflekterede intelligens af Gud, som eksisterer uforstyrret i den kosmiske vibration af skabelse), og Helligånden (den kosmiske vibration selv, der bruger Kristusintelligens til selvstændigt at fortsætte sine aktiviteter med at skabe, bevare og tilintetgøre).

Hindu-skrifterne refererede til Om, Tat og Sat, Helligånd, Kristusbevidsthed og Gud Faderen.

flere tusinde år før Jesus kom på Jorden, og beskrev treenigheden som den kendes i kristendommen. Hvordan kan vi komme til at kende Helligånden? Den store fortolker af Yoga, Patanjali, forklarede at der udgår en lyd fra den kosmiske intelligens, der arbejder i Helligånden. Enhver vibration afgiver en lyd. Så Helligånden, eller den Kosmiske Vibration, afgiver en lyd – Hinduernes Om eller det Amen, som Johannes talte om, da han sagde: "På Herrens dag blev jeg grebet af Ånden, og hørte bag mig en røst som af en basun" (Johannes´ Åbenbaring 1,10). Den basun er Helligånden, der lader den Himmelske Far´s stemme lyde.

Ved at bringe os i harmoni med Helligåndens rene vibration, bliver vi opmærksomme på Kristusbevidstheden, den Gode Hyrde, der leder os til vores Far´s hjem. Det er således Kristusbevidstheden Jesus taler om, når han siger: "Jeg er vejen og sandheden og livet; ingen kommer til Faderen uden ved mig" (Johannesevangel. 14,6).

Kosmisk blændværk

Sind og stof

Indiens vismænd lærer os, at vi ikke bør være fanatiske med noget som helst, f.eks. ved at benægte eksistensen af stof. Vi bør udvikle vores bevidsthed til det punkt, hvor vi ved, at både sind og stof eksisterer, men at de ikke er, som vi tror de er. Stof fremtræder i synlig, håndgribelig form, men er i virkeligheden sammensat af usynlige elektromagnetiske bølger. Det er en kraft. Alle såkaldte faste stoffer er uvirkelige. De er sammensat af vibrerende atomer, der holdes sammen af magnetisk kraft.

Verden blev skabt ved Guds vibration. Stof er én vibration og sind er en anden. Stof er en lavere vibration, men at benægte dens eksistens er tåbeligt. Menneskeheden lider af selvbedrag om stof, jord, planeter, legeme, sind og sjæl. Kun de vise og de spirituelt vågne kan erkende skabelsens sande natur. Jordem fremtræder f.eks. flad og stationær for vores synssans, og dog ved vi, at Jorden er rund og roterer.

Ti væsentlige vildfarelser

Vores sanser og fornuft kan delvis fortolke fænomener, eller tilsynekomsten af substanser, men for det meste rapporterer vores sanser urigtigt om den virkelige substans. Menneskehedens ti væsentligste vildfarelser er: 1) Om tid og rum, om at se relativitet i det Absolutte. 2) Om tilknytning til én familie eller til ét land. 3) Om bevidsthed, hvorved man føler smerte i legemet, som kun er en mental idé. 4) Om forskel mellem faste stoffer, væsker, gasser, liv, tanke, og følelse. 5) Om fødsel og død. 6) Om vågen-, drømme-, og søvn-tilstande. 7) Om legemets vigtighed og værdifuldhed. 8) Om at det er mere bekvemt at holde fast ved ondt end ved godt. 9) Om kun at se stof, uden at være opmærksom på Guds tilstedeværelse i det. 10) Om ikke at vide, at det sete er uvirkeligt, og at det usete er den virkelige substans.

Metoder til at udrydde vildfarelser

Bevidstheden om smerte er en vrangforestilling. Smerte var oprindelig en ophøjet opmærksomhedssans. Ved at fremhæve vores individualiteter, har vi adskilt os fra resten af naturen, og har udviklet forskelle. Det er derfor så mange ting gør ondt på legemet.

Dualiteter eksisterede oprindeligt i harmoni og adskilthed. Deres sammenstød blev tilkendegivet af opmærksomhedssansen. Men denne opmærksomhed blev udviklet til smerte. Under bedøvelse med kloroform er en kirurgisk operation på legemet smertefri, fordi sindet ikke er opmærksomt på legemets tilstand. Gandhi og andre har demonstreret, at et stærkt sind bevidst kan holde sig adskilt fra den tilstand legemet oplever under en operation, dvs. undgå at føle smerte, der skabes ved hypersensitiv opmærksomhed. Lær at få et stærkt sind, og ignorer smerte. Et barn, opvokset på landet, føler langt mindre smerte fra en torn i foden, end et barn fra byen vil føle. Overfølsomhed kan overvindes ved mental hårdførhed. Bortjag smerte fra din bevidsthed, og du vil ikke føle den i kroppen.

Vildfarelsen om følesansen er den stærkeste. Prøv at lukke dine øjne, og glem fornemmelsen af legemet. Tænk på den umådelige, grænseløse sfære af rum omkring dig som dit legeme. Føl glæde i alle dit rumlegemes væv. Der vil være glæde i dit kredsløb, og glæde vil flyde gennem alle dine følelsers årer. Bevidstheden om at slæbe rundt på kroppens kød og ben vil forsvinde. Du vil kun mærke den fredfyldte følelse af Gud. Sansernes fænomener vil forsvinde. Deres blindhed vil blive afsløret ved generhvervelsen af den eneste ægte sans – intuition opnået gennem meditation. Du vil se, høre, lugte, smage og føle alle forskellige ting udelukkende som Gud. Den Absolutte Substans vil regere på din allestedsnærværende bevidstheds trone.

Bortjag illusionen om nationalitet, klasseskel, farve og trosbekendelse. Vi tilhører én levende familie af alle Guds skabninger. Luk øjnene og mediter først på din families og dit lands lille kreds. Bryd så denne nedarvede forestillings grænser, og lav en cirkel af grænseløs kærlighed, sympati, og følelse, og se deri alle nationaliteter, alle skabninger, leve fredeligt sammen med dig i universelt broderskab.

Meditation – en kur mod kosmisk illusion

Vi kender stof som faste stoffer, væsker, gasser, varme, lys, elektricitet, og energi, og dog er ingen af dets forskellige former, hvad de synes at være.

I en drøm kan vi se et bjerg, eller et ocean, eller indånde atmosfæren, eller føle sommervarmen, eller se sollys, eller en elektrisk oplyst by, eller morgenrødens vibrerende farver, eller føle livskraften bruse i millioner af menneskekroppe. Gud drømmer de kosmiske films drøm på den vildfarne menneskelige bevidstheds filmlærred. Når vi forener vores bevidsthed med Guds bevidsthed, opfatter vi dette kosmos som Guds drøm, der går gennem vores sind.

Ingen kan dog opleve denne erkendelse, før han/hun oplever sin fuldstændige enhed med Gud. Akkurat ligesom en drømmende person ikke ved, at hans/hendes drøm, om en by med bygninger, gader, og lys, blot består af forskellige vibrationer af hans/hendes fantasi, 'frosset' til tankeformer, så ser den, der er underlagt den kosmiske vildfarelses fortryllelse, ikke at det kun er Guds drøm.

Videnskaben har bevist, at stof i virkeligheden er elektromagnetiske bølger, og at disse bølger er 'frosset' lys. Metafysikere siger, at dette lys virkelig er Gudsvibrationer 'frosset' til former, som vi ser som stof. Tænk over og mediter på disse sandheder, indtil alt stof ses som Guds drøm.

Kosmisk illusion kan også overvindes ved at meditere dybere og dybere, indtil vi kan bevæge os hinsides legemets bevidsthed. Når vi mediterer med lukkede øjne, forsvinder alt stof fra billedet, og når vi klart føler, at det virkelige er Én Bevidsthed af velsignet allestedsnærværelse, så vil vi ikke længere opfatte illusionen om den kosmiske film. Når yogien i meditation føler bevidstheden af evig ny fred; den fred, der kan modstå udfordringen fra alle prøvelser af fysisk smerte, flygtige glæder, sorger, og alle mentale dualiteter, opnår han den fuldstændige opløsning af stoflige opfattelser. Meditationens ild opløser alle dualiteter i en evigt glad Ånds bevidsthed.

Sansernes begrænsninger

Vore sanser er begrænset til bestemte vibrationsskalaer. Trommehinden opfanger kun et bestemt område af vibrationer. Øjet kan ikke se det mest dunkle og det kraftigste lys. Følesansen kan ikke føle de fine kræfter. Lugte- og smagssanserne registrerer kun bestemte vibrationer fra lugt- og smagsfornemmelser. En mand, der går langs kysten, hører kun støjen fra nogle få bølger, ikke fra hele oceanet. Han kan heller ikke høre de millioner af melodier, der er i luften, undtagen ved en radios mellemkomst.

Radioen har definitivt bevist, at vi er relativt døve. Den kosmiske støj fra atomer, Guds program af ubegrænsede glade oplevelser, æterens stemme, lyden af hvirvlende planeter, rumlen fra Jordens jag omkring solen, hjertets og blodets pulseren, kan ikke høres af det fysiske øre.

Ingen tid – intet rum

Vi tænker på tid som opdelt i nutid, fortid, og fremtid, selvom den eneste tid, der er virkelig, er nutiden. Gud fremviser mange nye billeder på nutidens billedskærm. Han kan øjeblikkelig vende filmen om hans kosmos om på bevidsthedens billedskærm, og vise billeder af udvikling og præhistoriske tider, og også nye billeder af såkaldte fremtidige civilisationer. Mennesket har opdelt evigheden i tid i relation til dets egen eksistens, der synes at være begrænset ved død. Gud er kun bevidst om nutiden, for han dør aldrig.

Der er intet rum, for alle kræfter kan forblive i et punkt eller udvide sig overalt. Dette univers er en film om kloder, der bevæger sig i en grænseløs bevidsthed. Én bevidsthed drømmer alt, indeholder al skabelse. De store og små kloder indeni den, de største og de mindste ting, der ikke har nogen dimension og ikke optager plads, kan ikke støde sammen. Der er intet rum, ingen beholder, intet som helst, der skal rummes. Kosmos består af drømme. Ved bestandig at ræsonnere på den måde, kan vi befri os selv fra drømmen om tid og rum.

Forskellen mellem et stengulv, lyn på himlen, dag og nat, elektricitet, og dine tanker, er blot en forskel i tankeformer i dit drømmende sind. I en drøm kan du skabe en verden af stof, du kan gå på et stengulv, se lyn på himlen, se dagen glide over i nat, og se en by fuld af elektrisk lys, du kan tænke, tale, og synge, men når du vågner op, vil du le og sige: "Ah, jeg drømte blot alle disse ting". Dette univers er ikke andet end naturens drømme-bluff for at afprøve din udødelige bevidsthed. Bliv ikke bange over dine drømme-prøvelser. Le blot af det hele, især når du er udsat for vanskelige oplevelser. Det er måden hvorpå du kan kræve din himmelske fødselsret tilbage; ved at se alting som Guds bevidsthed.

Højere vibration og okkult opfattelse

Loven om vibration

Det er intelligent vibration, der skaber og leder universet. Vibration betyder bevægelse; en hvilken som helst form for bevægelse. Medmindre vibration har rytmisk intelligens til at lede sig, bliver den forstyrrende. Intelligens i sig selv er vibration, og består af forskellige tankeformer. Tanker adskilles fra hinanden af deres forskellige vibrationsniveauer. Uden denne vibrationsrelativitet ville det ikke være muligt at erkende nogen vibration i universet.

Alt i skabelsen har sit eget særlige vibrationsniveau. Hvis to bølger bevæger sig side om side er der harmoni, men hvis én bølge rammer en anden, opstår der en kamp mellem kræfter. For at kunne leve harmonisk, bør vi undgå modstridende vibrationer i vores liv. Vibrationerne i ens fysiske omgivelser bør harmonere med den fysiske tilværelses vibrationer. Det harmoniske menneske bør have harmoniske farve- og formvibrationer omkring sig.

Forskellige vibrationsniveauer, afbalanceret i den kosmiske rytme, skabte (før os) det majestætiske kosmos. Ligesom solen, med sin store magnetiske kraft, holder planeterne omkring sig, således binder vores ego vores tanker og celler sammen. Hvis dette ego har forladt legemet (som ved død), eller er inaktivt under langvarig bevidstløshed, vil alle tankerne forsvinde fra legemet; livskraftens bånd vil briste, og cellerne vil begynde at forfalde.

Vibration i forhold til andre mennesker

Hvordan kan vi konstatere, om vi får gode eller dårlige vibrationer fra de mennesker vi kommer i forbindelse med? Det beror først og fremmest på en 'følelse'. Vi kan konstatere det ved hele tiden at opretholde en venlig følelse i hjertet; en følelse, der er absolut fordomsfri, og som kan bedømme langt bedre end intelligens. Nogle mennesker kan dog ikke se forskel på rigtige afvigelser i vibration og mental dømmekraft.

Den bedste måde, til at vide hvilken slags vibrationer folk udsender, er at iagttage vores følelsers mikrofon i hjertet. Det er det mest følsomme instrument af alle. For at få sikre resultater, må vi frigøre os fra enhver tiltrækning til det modsatte køn, og fra enhver følelse af tiltrækning eller frastødning mod andre. En neutral bevidsthedstilstand er nødvendig. Når vi kan bruge den mikrofon af ren følelse, der ikke bedømmer ud fra fordom og følelse, har vi udviklet spirituel følsomhed.

Det spirituelt følsomme menneske elsker alle. Vi elsker naturligvis dem, der er kære for os, men vi må lære at kunne give samme slags kærlighed til hele verden. Når vi elsker alle mennesker som vores egen familie, udtrykker vi guddommelig kærlighed. Hele formålet med at elske er at udvikle den form for kærlighed. Universel kærlighed prøver at vibrere gennem os, men tilknytning, begrænsninger, og koncentration omkring sanserne, forhindrer den universelle kærligheds frie udtryk.

Vi kan også sanse en anden persons fremherskende vibrationsniveau for krop, sind og sjæl. En syg person har negative, uharmoniske kropsvibrationer, som han/hun bør afvise. Hvis vi lever sammen med syge mennesker hele tiden, er de tilbøjelige til at gøre os sygdoms-bevidste. Vi må være stærkere end de tanker og forestillinger, der konstant vibrerer fra andre mennesker. Det er måden til at overvinde dårlige vibrationer, der kommer ind i vores miljø.

Nogle mennesker vibrerer nervøsitet, nogle temperament, og nogle grusomhed. Andre mennesker har ingen vilje. Når vi møder dem, føler vi deres holdningsløshed. Nogle mennesker vibrerer venlighed, og vi elsker dem straks. Forsøg altid at være i harmoni med de positive høje vibrationer i dit hjerte.

Selv i fødevarer bør der være farveharmoni. Når vi koger fødevarer for meget, ødelægges farverne. På den måde modarbejder vi fødevarers harmoniske vibrationer, så de bliver uharmoniske. Ved spisning, møblering, osv. bør der ligeledes være harmoni. Nogle farver er beroligende, andre er irriterende, mens muntre farver skaber glæde i sindet.

Tanke- og fornuftsvibrationer

Tankevibrationer er så stærke, at hvis vi bor i samme bygning som personer, der har dårlige tanker, vil deres dårlige vibrationer påvirke os, medmindre vi er stærke nok til at beskytte os selv. Hvis vi selv har meget stærke og gode vibrationer, behøver vi ikke at bekymre os om folk med dårlige vibrationer. Ønsker vi at være lykkelige, skal der være balance mellem følelse og fornuft. Det opnås kun hvis vi omgiver os med vibrationer af venlighed og intelligens.

Vi får ikke blot vibrationer udefra, men må skabe den rigtige slags i os selv. Vi har brug for en fuldstændig balance mellem følelses- og fornuftsvibrationer. Vi må være parate til at føle alt hvad der er omkring os, og dog må vi samtidig være i stand til at vurdere alt efter dets rigtige værdi. Det er derfor kombinationen af mand og kvinde er så god på det spirituelle plan, da de kombinerer ren følelse og ren fornuft. Når vi mediterer dybt og forener sjæl med Ånd, udtrykkes denne balance af ren følelse og ren fornuft i højeste grad.

Sjælevibration

En stærk sjælevibration er tydelig, når en person altid er bevidst om at være sammen med Gud. Når vi er sammen med en sådan person, føler vi Guds tilstedeværelse. Gudsvibrationen er den mest intelligente af alle, og skaber fuldkommen harmoni. Når vi lader den vibration passere gennem os, bliver alle andre vibrationer i os harmoniske. Det var derfor Jesus sagde: "Søg først Guds rige, så skal alt andet gives jer." For at nå dertil, må vi udvikle en fin følsomhed. Når vi har mediteret dybt, skal vi bruge den erkendelse, og hele den følelse vi har efter meditationen, og koncentrere den følelse i hjertet. Det vil give os kraft til at udsende gode vibrationer, og optage gode vibrationer, og også give os visdom.

Nogle bakterier oplever på to timer, hvad der tager os år at føle. De fødes, formerer sig, og dør inden for to timer. Den korte levetid vi har, er ikke andet end et glimt af evigheden, og ud fra et tidsmæssigt synspunkt er vi som bakterien. Med hvert glimt af Gud forløber en levetid på hundrede år, så spild ikke tiden. Lad dig ikke kontrollere af dine begær, og tillad heller ikke dig selv at gøre noget, du ikke burde gøre, men vær din egen herre. Hvis du ved, at du er herre over dig selv, er alt andet uden betydning. Hvert minut er et forbindelsesled mellem dig og Gud. Så spild ikke tiden, men lær at blive herre over dig selv.

Dåb i vand

Ceremonien at døbe i vand kom oprindelig fra Indien. Dåb ved neddypning i vand symboliserer renselse af legemet for at praktisere et spirituelt livs discipliner. Renselse af legemet hjælper til, og bør gå forud for renselse af sindet. Imidlertid bliver dåb af legemet praktisk talt meningsløs, hvis ikke den efterfølges af dåb af sindet. Medmindre vi renser ondskabsfuldhedens mudder bort fra sjælen, ved stilhed, meditation, og konstant spirituel årvågenhed, vil vi bibeholde dårlige vaner, til trods for den midlertidige rensende virkning af vand på vores legemer og sind.

Hvis vi bader hver dag, og mediterer straks derefter, vil vi føle styrken ved dåb i vand. Vand åbner hudens porer, frigiver forstyrrende kropsgifte, og stilner og beroliger hele organismen. Vand svaler nervespidserne, der sender meddelelser om rolige fornemmelser gennem de vitale centre, og afbalancerer alle de vitale energier ens. Alt liv kom oprindelig fra energi, så fra stjernetåger, og så fra vand. Alt liv er uigenkaldeligt forbundet med vand.

Dåb ved Helligånden

Mennesket er en kombination af legeme, livskraft (en refleks af kosmisk energi), og bevidsthed (en refleks af Kristusbevidsthed). Legemet er fortættet kosmisk energi og livsenergi. Bevidsthed, livskraft, og legeme er forskellige niveauer af bevidst Kosmisk Vibration. Livskraft på et højere niveau, eller med højere vibration, bliver til Kosmisk Bevidsthed. Når livskraft vibrerer groft, ændres den til elektroner, atomer, molekyler, og kropsvæv.

Det menneskelige legeme, livskraft, og bevidsthed, som er tre forskellige vibrationer, holdes sammen af egoets og sjælens kerne. Mennesket er fortættet vibration. For at sjælen kan blive befriet fra legemets, livskraftens, og bevidsthedens trefoldige vibrationers bur, skal den døbes, eller forenes, med den oprindelige kosmiske vibration, Om. Når bølgen føler sig isoleret fra havet, må dens grænser udvides indtil de omfatter havet.

Når sjælen, på samme måde, føler sig indespærret i de tre legemer, det fysiske legeme, astrallegemet, og mentallegemet, bør den lære, hvordan den bevidst kan adskille sig fra disse legemer, og hvordan den kan blive udvidet til Ånd. Ved dyb meditation løsnes legemets atomare vibrationer, og bliver til livskraft, og ved dybere meditation ændrer astrallegemet udformning til mentallegemet. Ved visdom bliver den tankemæssige bevidsthed derefter udvidet til Kristusbevidsthed.

Når yogien (en der praktiserer yoga, eller stræber efter at forene sin sjæl med Det Absolutte) lytter til den Kosmiske Vibration, er hans sind omdirigeret fra fysiske lyde fra stof udenfor ham selv til cirkulerende lyde fra hans vibrerende legeme. Hans bevidsthed er da omdirigeret til astrallegemets finere vibrationer.

Ved dybere meditation vandrer hans bevidsthed fra astrallegemets vibrationer til vibrationerne fra bevidsthed i alle atomer. Så hører yogiens bevidsthed Helligånden, eller den Kosmiske Lyd, der udgår fra alle atomer. Det er den måde hvorpå almindelig bevidsthed kan blive døbt, eller udvidet til Kristusbevidsthed, gennem Helligåndens udvidende kraft, eller Om´s altspredende vibrerende lyd.

Dåb ved Kristusbevidsthed

Guds stemme, den allestedsnærværende vibration Om, tilkendegav: "Du er min søn." Jesus følte derved sin bevidsthed i harmoni med Kristusbevidstheden, Sønnen, eller den enbårne refleks af Gud Faderens intelligens, der er manifesteret i den Hellige Vibration. Med andre ord følte Jesus sit legeme som hele den vibrerende skabelse, i hvilken hans lille legeme var indbefattet, og at der, i dette al skabelses kosmiske legeme, var en Kristus, eller en Universel Intelligens. Denne Kristus er 'den enbårne Søn', fordi den er den eneste aktive manifestation af den indirekte aktive transcendentale Gud Faders intelligens (ligger hinsides kreativ vibration), der er reflekteret i vibrerende skabelse.

Teologerne forsømmer ofte at skelne mellem manden Jesus og midlet Jesus, i hvilken den enbårne Søn, eller Kristusbevidsthed blev manifesteret. Jesus talte ikke om sit legeme som den enbårne Søn, men om sin sjæl, der ikke var begrænset af legemet, men var ét med den enbårne Søn, Kristusbevidstheden. "For således elskede Gud verden (den skabelse han havde frembragt), at han gav sin enbårne søn for at frelse den". Det betyder, at Gud Faderen inkarnerede som den skjulte Kristusintelligens i alt stof og i alle levende væsener for, ved evolutionær overtalelse, at bringe hver eneste tilbage til hans al lyksaligheds hjem. Når alle dødelige prøvelser er overstået, ophører vi med at reinkarnere i stof.

Evangelisten Johannes sagde om Jesus: ”Men alle dem, der tog imod ham, gav han ret til at blive Guds børn” (Johannesevangeliet 1,12). Flertalsformen 'Guds børn' viser klart, at alle mennesker, som afklarer deres bevidsthed ved meditation og modtager, eller på uhindret måde, reflekterer Guds kraft, kan blive Gudssønner. Med andre ord, de kan blive ét med Kristusbevidstheden, Faderens enbårne refleksion i alt stof, og blive Gudssønner ligesom Jesus.

Ånden ville ikke være så partisk at skabe én Jesus, og så blot lade alle andre mennesker være dødelige væsener. Gud kunne skabe tusinder af færdiggjorte guddommelige Jesus´er, og sende dem til Jorden. De ville da være forudbestemte spirituelle Gudsdukker, som alle sammen naturligvis ville opføre sig som Kristus´er på Jorden. Men sådanne Kristus´er kunne ikke være forbilleder for stræbende dødelige med alle deres svagheder. Ser vi imidlertid et menneske, der er blevet en Kristus ved selvstændig kamp og den rigtige brug af sit Gudgivne frie valg og meditationens styrke, da vækkes håbet om frelse i det svage menneskelige bryst.

Dåb af menneskelig bevidsthed

Efter at yogien har lyttet til og følt den Kosmiske Lyd igennem det fysiske, astrale og idémæssige kosmos, eller i den fysiske, astrale og idémæssige Helligånd, vil hans bevidsthed vibrere med allestedsnærværelse i al skabelse. Når hans udvidede bevidsthed bliver urokkelig i al skabelse, føler den tilstedeværelsen af Kristusbevidsthed i al vibration. Yogien bliver da Kristuslignende, og hans bevidsthed oplever Kristus genkomst. I sit legeme føler han tilstedeværelsen af Kristusbevidsthed, ligesom Jesus følte Kristus udtrykt i sit legeme.

De fleste mennesker finder, at deres bevidsthed er bundet til legemet, men ved at lytte til og føle Om vibrationen og umiddelbart erkende Kristusbevidsthed, forstår yogien at Gud Faderen, eller Kosmisk Bevidsthed, eksisterer inaktivt i regioner, hvor der ikke er nogen bevægelse, eller tilstedeværelse af Helligåndens vibration. Helligåndens vibration er begrænset til en bestemt del af rummet, som er befolket af kosmos og alle dets ø-universer. Al planetarisk skabelse er fortættet Hellig Vibration.

Når yogien føler at hans bevidsthed er ét med Kristusbevidsthed, forstår han at Kristusbevidsthed er den Kosmiske Bevidstheds refleksion af Gud Faderen. Ligesom Jesus kan yogien da sige: "Jeg (Kristusbevidsthed i skabelse) og min Far (Kosmisk Bevidsthed hinsides skabelse) er ét".

Når vibrerende skabelse eksisterer, antager Gud det treenige aspekt Fader, Søn og Helligånd. Når den Hellige Vibration opløses ved kosmisk opløsning bliver Gud Faderen, Søn og Helligånd igen omdannet til den ene umanifesterede Absolutte Ånd.

Livet efter døden

Noget om Liv

Hvis livet er evig bevægelse, hvordan kan vi da forklare det tilsyneladende ophør af bevægelse og liv i det menneskelige legeme ved død? Faktisk er død hverken ophør af bevægelse eller tilintetgørelse af stof. Det nedbrændte lys ændrer form, men det kan bevises, at dets vægt og bestanddele er de samme, hvis de luftformige forbrændingsprodukter, der hidrører fra dets afbrænding, opsamles i en beholder. Tilsvarende smutter sjælen, med dens liv og intelligens, ved død bort fra det udbrændte legemes lys. Stof er uforgængeligt. Stof og liv er uadskillelige. Liv er intelligens. Stof er sovende intelligens. Da stof, et udtryk for liv, er uforgængeligt, er alt liv uforgængeligt.

Udtrykket 'livslængde' er relativt. Alle livsbølger dukker op fra og dykker ned i det Uendelige Ocean. Nogle varer længere end andre, men alle må de udtrykke det Uendelige forskelligt og helt – stjerner, solen, månen, skyer, regnbuer, flyvende sommer, nattergalen og natravnen. Naturlig død kommer når hvert objekt, hvert menneske, har ydet sin fulde andel ved at udtrykke det stille Uendelige. Et barns eller et ungt menneskes alt for tidlige død lader formode, at det har afkastet dets syge eller invaliderede legeme, og eksisterer andetsteds, hvor mulighederne er bedre. Hvis det er blevet revet bort ved en ulykke, er det sandsynligvis for at det kan blive anbragt i mere passende omgivelser, for at opfylde dets karma.

Det er derfor den smukke rose og den herlige ungdom forsvinder som stille bølger i det uudgrundelige Livsocean, efter at have udtrykt visse af det Uendeliges egenskaber. Legemet er livets skum på intelligensens og sjælens bølger. Skummet er midlertidigt sammenlignet med de individualiserede sjælebølger, og sjælebølgens individualitet er midlertidig sammenlignet med det evige Livsocean.

Livet er ikke begrænset af form eller tid, og er heller ikke afhængig af materiel næring. Der er bekræftede tilfælde om mennesker, der har levet i lang tid i en bevidst tilstand af skindød, for at bevise at jordisk liv ikke kun er afhængig af føde og ilt. Selv i et lig forbliver livet i nogen tid, men i anderledes form.

Et kyllingehjerte kan leve i mange år i en opløsning af forskellige kemikalier; længere end en kyllings almindelige livslængde. Et træ kan leve i sekshundrede år. Mennesket lever i gennemsnit i tres år. Nogle insekter lever i tres timer, og nogle celleformer i tres minutter. Ja, livet er omflakkende. Det kommer til syne og forsvinder som en flod i tidsørkenen. Døden skaber frygt i spirituelt uvidende mennesker, men for den vise er det en overgang til en højere tilstand; en forfremmelse til højere trin af liv. De der i dette liv lærer at leve ved Ånd, og som ikke er knyttet til legemet, opnår efter døden hurtigt deres sjælefrihed fra ilt, vand, og fødes trældom. Derfor bør vi lære at leve mere ved indre energi, og stræbe efter ikke at være knyttet til legemet.

Stof og Ånd

Der er ingen forskel mellem uorganisk og organisk liv, bortset fra at de er særskilte manifestationer af det Ene Liv. Intet er virkelig dødt. Selv i et lig vibrerer atomerne hurtigt, og er bestandig i livfuld bevægelse, ligesom atomerne i en sten eller et stykke metal. Forskellige former for liv er manifestationer af den samme livskraft. Akkurat ligesom is, vand, damp og deres luftformige bestanddele af brint og ilt er forskellige former for den samme ting, således er også faste stoffer, væsker, gasser, sten, krystaller, planter, dyr, og mennesker, både levende og døde, manifestationer af liv.

Ånden der er i stof, og stof, er den samme, akkurat ligesom brint og ilt indeholdt i en isblok, er den samme væsentlige sammensætning, som isblokken selv. Den indeholdte ting er lavet af samme materiale som beholderen. Hvis det var anderledes, ville stof og Ånd være resultatet af to samtidigt bestående uendelige kræfter, hvilket er umuligt. Som oceanet bliver til bølger, således bliver Ånd til stof. Bølgerne er forstyrret ocean, og stof er forvrænget, objektgjort Ånd. Bortset fra form, indeholder bølgerne alle oceanets væsentlige egenskaber. Tilsvarende indeholder stof, organisk som uorganisk, manifesteret eller latent, alle Åndens egenskaber. Således kan vi sige, at livet sover i den umodne jord, drømmer smukt i blomsterne, vågner med kraft i dyrene, og i mennesket har bevidsthed om uendelige muligheder.

Ved at forstå, at livet fortsætter efter døden, kan vi forene vores bevidsthed med Guds kosmiske bevidsthed, og finde tråden til ét liv, én lov, én rytme, og én visdom, som forener os alle. Det er kun når vi føler, at vi er udødelige, der skal bruge vores skelneevne til at finde en sand universel livskunst, at vi bestræber os på at forene al visdom i vores hjerter, og erkender at vi alle er verdensbrødre, der går hånd i hånd tilbage til Gud.

Det evigt nye Uendelige

Hvis der ikke var nogen død, ville utallige millioner af mennesker monopolisere kosmos. Planeterne og universerne ville varemærke Gud med endelighedens segl. De uendelige rum ville blive udtømt. Uden dødens kontrast ville livet miste sit charmerende mysterium, og alt ville blive gammelt og fordærvet. Men dette er ikke tilfældet. Det Uendelige er evigt nyt, så ved Guds magisk fornyende død, opretholder han alt, således at det evigt udtrykker og omformer sig til et stadigt mere passende udtryksmiddel for det Uendelige.

Evigt, Uendeligt Liv manifesterer sig selv gennem utallige endelige former for levende skabninger. Dødsfænomenet, eller illusionen om forandring, reflekteres i alle endelige substanser, ellers ville det Uendelige blive begrænset og bedømt efter endelige substanser. Det Uendelige ville miste dets natur ved at blive endeligt, bestemt, begrænset, og formet.

Frem for alt andet forsyner døden sjæleskuespilere med nye klæder, i hvilke de kan spille nye dramaer på livets scene. Døden er en overgang til et bedre land, et skift af bopæl. Den vise, der har åbnet sit spirituelle øje, finder at ophøret af jordisk liv giver ham/hende en ny begyndelse på et andet højere liv. Med den synsevne vi har på denne jord, ser vi ikke. Ligesom vi med vores øjne ikke kan se knoglerne i kroppen, således ser vi ikke de tråde af lys; blåt, violet, akvamarin, orange, gult, og hvidt, som binder Jordens atomer sammen. Vi hører verdens grove støj og nogle melodier, og intet mere. Når den rå mursten, der kan ses med de fysiske øjne, betragtes gennem det spirituelle øje, fremtræder den som en farvestrålende have af elektroner. Mennesket, med dets skelet, sener, og rødt blod, fremtræder som et smukt, mangefarvet, vibrerende væsen, lavet af synlig, legemliggjort kærlighed.

Rosen i den menneskelige have ligner en papirrose, sammenlignet med pragten i rosens indre hvirvlende atomer. Døden er den kosmiske smelteovn, i hvilken alle objekter og levende væsener bliver renset for urenheder. Døden kommer til en pligtopfyldende sjæl som en forfremmelse til en højere tilstand. Til en mislykket sjæl kommer den for at give en ny chance i andre omgivelser. Den vise oplever gennem døden en uendeligt bedre og sikrere havn end denne jord kan tilbyde.

Hvad den vise ser

En sjæl, der har levet et materialistisk liv i uvidenhed om uendelighedens love, oplever efter døden en dyb, mørk søvn, der giver midlertidig hvile fra jordisk slid og slæb, inden et andet liv begynder. Men med sit spirituelle øje ser den vise, i dette liv og efter døden, en meget tillokkende sfære. I stedet for forfærdende mørke finder han/hun strålende lys. Sjælen finder her frihed fra den jordiske manifestations begrænsende bur. Klædt i mangefarvet lys, flyver den i uendelige retninger, idet den søger og gør krav på sin tabte evigheds territorium.

I den anden verdens bløde lys, erkender den vise den indre natur af stjerner, sten, levende væsener, støv, jern, guld, jord, og planeter, som stråler med uendelig glans. Ethvert objekt, som vi opfatter, har to sider: Den grove, grimme side, der præsenteres for vores fysiske øjne, og den indre, overordentlig smukke side, der åbenbares for visdommens øje. Intet i den astrale verden falmer hurtigt. Alt der taler stille. Astrale roser af lys taler til sjæle i Åndens sprog.

Haven med roser og andre dejlige blomster lever af sjælenes ånde, og sjælene indånder blomsternes duft. I denne bedre region medfører forandring ikke forfald, som vi ser det på Jorden. I den astrale verden er forandring som en kosmisk troldmand, der underholder med mangfoldighed gennem uendelige udtryk. Der er forandringens lov styret af sjælenes vilje, og er ikke påtvunget dem. Ingen bakterier, ingen tørst, ingen selviske ønsker, ingen hjertesorger, intet begær, ingen smerte eller sorg, ingen larmende, forbigående glæde, ingen ulykker, brækkede ben eller kraniebrud, og ingen ulidelig smerte på grund af adskillelse eksistere der.

Sjæleformer i det Uendelige

Sjæle i denne region er ikke indfattet i knogler, dækket af kød og hud. De har ikke skrøbelige legemer, der kan gå i stykker, hvis de støder sammen med rå faste stoffer. I det astrale land er der er ikke nogen krig mellem faste stoffer, oceaner, lyn, sygdom, og menneskets legeme. Der er ikke nogen ulykker, for alle ting eksisterer i gensidig hjælpsomhed frem for antagonisme.

Alle former for vibration er i harmoni. Alle kræfter lever i fred og bevidst hjælpsomhed. Sjælene, de stråler de går på, de orange stråler de drikker og spiser, er alle levende. Sjæle lever i gensidig forståelse og samarbejde, og indånder ikke ilt, men Åndens glæde. De bor der, så længe de ønsker det, og leger ligesom bølger på det uendelige ocean af Lys, og der smelter de ind i hinanden ved himmelsk kærlighed, som oceanet af Lys.

Den dødelige form, trælbundet af ilt og sollys, og overfyldt med materiel føde, ville falde i afmagt i den guddommelige, overjordiske regions fine, lufttomme atmosfære. Mørke og groft lys ligeså mister deres relative dualiteter i det mørkeløse mørke, den sfæres lysløse men altåbenbarende sjæle-lys. Så yogier praktiserer livskraft-kontrol og den åndeløse tilstand for at blive i stand til at leve i disse regioner af levende lys, endog mens de befinder sig i deres legemer.

Opstandelse

Hensigten med opstandelse

Hvad er hensigten med opstandelse? At leve igen! At opstå til fornyet liv! Hvad opstår igen, og hvordan? På hvilken måde betyder opstandelse at leve igen? Alt gennemgår en forandringsproces. Disse forandringer er enten skadelige eller gavnlige for objektet, der ændres. Hvis vi f.eks. taber et snavset glas på gulvet, vil det blive ændret, men ændringen er skadelig for objektet. Hvis vi i stedet vasker glasset, og får det til at skinne, er ændringen gavnlig. Opstandelse betyder enhver gavnlig forandring af et objekt eller af et menneske.

Sjælen overlever legemet. Den er evig! Men vi behøver ikke at vente til 'Gabriel blæser i hornet' for at blive kaldt til live igen. Gud ville aldrig tvinge udødelige sjæle, skabt i hans eget billede, til i århundreder at leve i begravede legemer. Sjælen bevæger sig videre til andre regioner, når kroppen dør. Når vi er skabt i Guds billede, hvordan kan vi da dø? Intet dør virkeligt; det ændrer blot form. Så selv kroppens død er et bedrag. Men opstandelse henviser til sjælen, snarere end kroppen. For det er sjælen, ikke kroppen, der er skabt i Guds billede - udødelig, uforgængelig.

I den kristne verden er ordet 'opstandelse' i høj grad blevet misforstået. Mennesker er tilbøjelige til at ty til deres egen tænkemåde, og meget få prøver at forske i de spirituelle mysteriers realiteter. De fleste er tilfredse med deres egne spirituelle trosopfattelser, og er ofte for sløve til at udforske eller afprøve disse opfattelser. I forbindelse med opstandelse af det menneskelige legeme, betyder opstandelse enhver højnende forandring af det. Vi kan ikke forblive stillestående. Vi må enten gå fremad eller tilbage. Vi må konstant acceptere forandringer, både dem der er skadelige for os, og dem der er gavnlige for os.

Opstandelse er kunsten at hæve sig op fra hvad vi er, til hvad vi er på vej til at blive i fremtiden. I begyndelsen af skabelsen var mennesket et rent reflekteret billede af Ånd, men dette billede er blevet tilsølet med uvidenhedens sod, opsamlet gennem mange inkarnationer. Det er derfor du blev født med visse begrænsninger i dette liv. Ved at rense dig med vedholdende meditations rensende vand, vil dit virkelige livs ansigt opstå bag de overfladiske vildfarelsers sod. Du vil da vide at du var, og er, og altid vil være, en fuldkommen refleksion af Ånd. Du er Ånd, selvom du nu tror, at du er dødelig. Ved meditation på dit sande selv, og ved bestandig at udføre dine opgaver på en gudhengiven måde, vil du med tiden genkalde dig din glemte Åndenatur, og forblive i den bevidsthed i al fremtid.

Ethvert menneske er et udtryk for den umådelige Ånd. Er det ikke storslået, at mennesker kan fungere så godt uden nogen synlig kraftkilde? Den menneskelige maskine vågner op om morgenen, spiser morgenmad, går på arbejde, går til frokost, går tilbage til arbejdet, spiser middagsmad, går i biografen, ser fjernsyn, eller morer sig med en hobby derhjemme, går så i seng, for at vågne op og gøre de samme ting om og om igen, dag ud og dag ind.

Vi har ikke nogen eksistens undtagen i det universelle. Døden er ikke slutningen; den er frigørelse, der befrier os, når vi er for trætte eller afkræftede af lidelse til at bære eksistensens byrde længere. Døden lader os opstå fra kødets smertelige pine til årvågen fred og ro. Døden er en pension erhvervet ved års kamp gennem livet. Den giver os mulighed for at hvile. Og når vi har hvilet, begynder vores begær igen at arbejde, og vi ønsker at tilfredsstille dem. Når begærene bliver stærke, vender vi tilbage i menneskelig form.

Opstandelse fra mentale vaner

Tanken er uendelig! Hvert ord repræsenterer en ideal forestilling om det Uendelige, fordi der bag hvert ord og tanke er en manifestation af det Uendelige. Der danser mange tankebølger i bevidsthedens bølger, men bag dem er det store, uophørlige Ocean af Sandhed. Vores tankeudtryk er bølger på forståelsens ocean. Ved livets begyndelse leger sjælen med legemesredskabet, men gradvist bliver den legemets slave. Derfor må vi lære at leve et liv hævet over det fysiske plan. Mental udvikling overgår fysisk udvikling. I overensstemmelse med naturlig evolution genopstår sjælen på det intelligensniveau, den er nået til, og stiger derfra til den spirituelle virkeliggørelses niveau. Dette giver mening for al gunstig udvikling, og for hvad der er intellektuelt opnåeligt. Lidt efter lidt forstår vi den måde hvorpå legemet til sidst bringes til at opstå som Ånd.

Silkeormen væver tråde omkring sig selv til en kokon. Men før den slipper ud af kokonen og bliver til en sommerfugl, får fabrikanten fat på den, og silkeormen møder døden i sit selvskabte fængsel. Det gør vi alle. Før spiritualitetens vinger er vokset ud, væver vi, i dårskab, tråde af frygt, bekymring, og uvidenhed omkring os, indtil sygdom og død kommer og tilintetgør os. Vi befinder os i trældom skabt af os selv. Hvad er mest destruktivt, vores egen tanke, vores egen fejlagtige måde at leve på, at handle først og tænke bagefter? Vi må lade os selv opstå fra spirituelt dræbende, vrede tanker, fra tanker skabt af selviskhed, og fra uharmonisk levevis.

Lad dig selv opstå fra livets lidenhed, de små ting, der forstyrrer dig. Har du tænkt over, om du, på noget tidspunkt, har været fuldstændig forvirret på grund af omstændighederne, oprørt, nedbrudt, besejret, savnet styrke? Bortjag sådanne tanker! Du har styrke, men bruger den ikke. Du har al den styrke, du har brug for. Intet er større end sindets styrke; så lad dit sind opstå fra de vaner, der hele tiden verdsliggør dig.

Undertiden beder vi teoretisk, undertiden tænker vi, for et øjeblik, at vi er opstået fra vores skavanker; men det er bare indbildning. Kendsgerningerne af vores ord og handlinger viser noget andet. Opstandelse må finde sted, ikke blot teoretisk, men i praksis. Det er nødvendigt at lade sig selv (sin sjæl) opstå for at befri sjælen fra legemets trældom - at forene den med Ånd for at opnå selvrealisation.

Opstandelse fra sygdom

Vi må også lade vores sind opstå fra bevidstheden om sygdom; fra tanken om sygdom. Nu styrer legemet sindet, men sindet skal styre legemet. Så vil legemet ikke acceptere forslag, der skyldes arv og miljø. Forkert levevis på det fysiske plan overføres til efterkommere. Ofte optræder sygdomme kun fordi vi har stimuleret den racebevidsthed om sygdom, der er til stede i vores forfædre, og derved har forstærket vores modtagelighed.

Hvis Ånden trak den radioaktive energi tilbage, som aktiverer skabelsen, ville vi falde døde om, akkurat som fugle, der er blevet skudt. Vi må give Gud hele æren ved at huske, at vi lever direkte ved hans kraft. Gud skabte ikke sygdom. Vi må lade os selv opstå fra sygdoms-bevidsthed, der er overført fra vores forfædre. Der er en tæt forbindelse mellem sindet og legemet. Mange gange når vi er helbredt for en sygdom, bringer vores sygdoms-bevidsthed den tilbage til os igen.

Mange mennesker tror, at de er frie, blot fordi de kan bevæge sig frit. Det er de ikke. De er i trældom, lænket af den underbevidste vane om kun at kunne bevæge sig på en bestemt måde, ligesom en der går i søvne. Der er mange former for trældom. Hvis vi ikke har været i stand til at lade os selv opstå fra sygdoms trældom, så er vi stadig fængslet bag stoffets tremmer.

Både sygdom og sundhed er drømme, og både fremgang og fiasko er illusoriske, men en drøm om fremgang er bedre end en drøm om fiasko. Hvorfor ikke drømme om fremgang, hvis vi skal drømme. Forsøg at få gode drømme i dette liv. Hvis vi har for mange dårlige drømme, vil vi have for travlt med at græde, og ikke have tid nok til at vide, at det alt sammen er en drøm.

Bevidst opstandelse

Opstandelse betyder ikke blot at flytte legeme og sjæl til en anden eksistenssfære, men lige så meget at ændre atomerne i legemet, at spiritualisere dem og befri dem fra materie, sammen med sindet. Opstandelse betyder også afslappelse; at give slip på den stædige vane, at identificere sig med sit legeme. I meditation frigør vi os fra identifikation med vores mentallegeme. Tilsvarende skal vi løsne livskraften fra de indre fysiske organer for at fjerne kropsbevidstheden. Ved at afslappe vores fastholden af kropsbevidsthed bliver vi frie. Vor sjæle-natur åbenbares, og vi ved, at vi kan leve uden legemet, selv om vi lever i legemet.

Opstandelse er ikke en forandring, der kun finder sted efter død. Vi skal opstå, mens vi lever i vores legemer. Vi gør det hver nat i søvn, der er ubevidst opstandelse. Næste skridt er at gøre det i meditation. Opstandelse betyder også at befri sjælen fra uvidenhedens bur – at opløfte og frigøre sjælen fra den dødelige bevidstheds trældom. Menneskets liv er undertiden meget smukt, men den, der er knyttet til det, er som en paradisfugl i bur. Man åbner fuglens bur, men på grund af tilknytning og vane, bliver den i buret, og ønsker ikke at flyve bort. Er det ikke en skam, at fuglen ikke ønsker at komme ud i den grænseløse frihed, den kom fra? Den er bange. Det er vi også, når vi føler, at vi giver slip på kropsbevidstheden i dyb meditation, og tænker: ”Vil jeg glide ud i det Uendelige og aldrig komme tilbage"? Vi er bange for at prøve allestedsnærværelsens himle. Vi har levet for længe identificeret med legemet, og nu krymper vi os ved at træde ind i vores eget uendelige hjem i rummet, bange for at lade vores sande almagt genopstå; vores egen sjæls guddommelige alvidenhed.

Spirituel opstandelse

Livet er herligt og smukt, hvis blot vi kan finde Gud. Tag ikke det skiftende billede af liv og død alvorligt. Betragt vores udødelighed! Det er den glædeligste erkendelse vi kan opleve. Gud er skjult bag månen og solen og stjernerne, og dog bekendtgør deres lys hans tilstedeværelse. Han bekendtgør også Sig Selv gennem os. Vores samvittighed er Guds stemme. Men vi kan ikke tilbyde noget, der kan overtale Gud til at afsløre sig, bortset fra virkelig hengivenhed og meditation.

I enhver lilje, og i enhver fornem duft, bemærker vi hans skønhed, og dog ser vi ham ikke som et væsen; vi kan blot sanse hans Væren. Han siger: ”Følg skønhedens vej. Jeg er skjult et eller andet sted i dens hjerte. Jeg er

Harmoni, Jeg er Kærlighed, Jeg er Skønhed, Jeg er Vellugt, Jeg er Glæde". Hver gang vi udfører en god gerning, lader vi os selv genopstå. Vi må også lade os selv genopstå i meditation. Sammenlign din tilstand før og efter meditation. Mediter dybt hvis du vil kende Kristus, eller Krishna, eller nogen anden af de store avatarer (Gud nedsteget i kødet). Lad dine dårlige vaner, ligegyldighed, og rastløshed dø dagligt. Hver gang du ønsker at blive bragt i harmoni med Kristus, så tænk på ham og se gennem det indre spirituelle øje mellem øjenbrynene. Det er centret for Kristusbevidsthed. Den menneskelige bevidsthed er beliggende i kroppen. Kristusbevidstheden er beliggende i det spirituelle øje, midt i panden. Når vi er i dybe tanker, vender vores øjne naturligt opad, og panden rynkes ved at fokusere øjnene og opmærksomheden på dette center.

Bedrag ikke dig selv ved at tro på dine menneskelige begrænsninger. Tænk på Jesus´ eksempel, og på andre Kristuslignendes liv. Menneskets kors er en tung byrde af dårlige vaner. Hvis du, ved dyb meditation, kommer gennem tågen af rastløshed, vil du opdage, at du er kommet til sjælerigets evige lyksalighed indeni. Det er den opstandelse, du bør opleve. Når din sjæl bringes i harmoni med Ånden, begynder stilheden at tale. Du kan gennemgå den oplevelse, og føle at du er ét med Kristus.

Når et barn græder, og dets moder giver det et stykke legetøj, er barnet normalt tilfreds, og glemmer hvad det græd for. Men barnet, der græder vedholdende, og afviser at være tilfreds med legetøj, tvinger moderen til at blive hos sig. Så hvis vi ønsker Kristusbevidsthedens gave, må vi være ligesom det vedholdende barn: Smid alle vores unyttige ønskers legetøj bort, og græd kun for at opnå Gud. Hvis vi kan vække den brændende nidkærhed, den glød ved hvilken vi er besluttet på at bevise, at vi ønsker ham højere end legetøj, så vil han komme. Ud af den stille gråd vil Kristusbevidstheden blive født i os.

Vær ikke tilfreds med blot en lille glæde i meditationens stilhed. Glæden ved Gudskontakt er mere end det. Forestil dig at du straffes ved ikke at få lov til at sove, når du har desperat behov for søvn, og at nogen så siger: "Godt, du kan lægge dig til at sove nu". Tænk hvilken glæde du ville føle, lige før du faldt i søvn. Gang den én million gange! Den ville stadigvæk ikke kunne beskrive den glæde, der føles ved kontakt med Gud.

Opstandelse i den universelle Kristusånd

Jesus gik ikke til grunde, selv om hans legeme blev korsfæstet. Han gik ind i Åndens ocean, og kom tilbage igen, opfyldt af Guds styrke, for at vise at alt liv er udødeligt. Meget få af os er så heldige at få den oplevelse. Jesus´ jordiske død bør der ikke lægges vægt på. Han var både menneskelig og guddommelig. Det er en smuk tanke at vi, skønt menneskelige, også kan blive guddommelige som han.

Når vi opnår Kristusbevidsthed, ved at forædle vores tanker og handlinger, vil vi le af drømmen om død, og vil opstå til det privilegium Jesus opnåede. Hvad han kunne opnå, kan vi også opnå, for det blev sagt om Jesus: "Men alle dem, der tog imod ham, gav han ret til at blive Guds børn" (Johannes-evangeliet 1,12), og dermed som Gudssønner at opnå sejr over døden.

Jesus kom for at vise, at den universelle Kristusånd kunne blive manifesteret i det menneskelige legeme. Manden Jesus og Jesus Kristus var to forskellige væsener. Inden i Jesus´ legeme eksisterede den universelle Kristusånd. Jesus´ legeme var redskabet. Den universelle Kristusånd har ikke blot manifesteret sig i Jesus´ legeme, den har manifesteret sig i alle avatarer.

Opstandelse betyder at den universelle Ånd, der er til stede i al skabelse som Kristusbevidsthed, bestandig genopstår, dvs. vågner, eller manifesteres, i alt. Vores sjæle 'dør hen', dvs. taber sigte af deres udødelige natur, når vi er begravet i uvidenhedens grav. Vi kan vække os selv til Kristusbevidsthed ved at praktisere opstandelse hver dag i vores liv. Glem dine gamle svagheder og besværligheder. Tænk blot:

"Kristus genopstod; jeg genopstår også, for jeg er ikke længere mit gamle selv". Måske synes du, at du er slet, men i dag kan du få en ny fødsel. Hvis du tror på det, vil din tro forvandle din bevidsthed. Holder du fast ved dit forsæt, kan du blive hvad du ønsker at blive, uanset hvad din fortid har været.

Når som helst vi overvinder uvidenhed og tænker gode tanker, opstår Kristus inden i os. Opstandelse er ikke blot Åndens kraft i Jesus´ legeme; Ånden er i alle. Det er ikke nødvendigt for mennesket at dø for at lade Ånden genopstå. Vi kan lade Kristusbevidstheden opstå i os nu. Jesus kæmpede, Jesus led, og dog vandt han. Fra resterne af menneskelige svagheder, rejste han sig for at bekendtgøre: "Jeg er udødelig". Jesus var idealet, der blev sendt til os til efterfølgelse. Han kom ikke til Jorden for at udføre dramaet om liv og død på almindelig vis. Hans mission var at vise os, at hvad han kunne gøre, kan vi også gøre, forudsat at vi mediterer som han gjorde, og forudsat at vi elsker Gud som han gjorde. Vi må prøve at blive som han.

Hvad der er værdifuldt, dyrebart, og stort opnås gennem evolution og gennem indsats. At blive som Jesus kræver indsats og villighed til at betale prisen. Når din bevidsthed engang er som hans, når du er i stand til at opgive dit liv for alt, som han gjorde, så vil det Uendelige manifestere sig inden i dig. Det Usete vil blive set, og det

Usynlige vil blive synligt. Verden kender dig måske ikke, men hvis Kristus kender dig, så er du for evigt en spirituel konge.

Hvordan opnås Kristusbevidsthed?

Kristusbevidsthed er det aspekt af Guds bevidsthed, der er tilstede i al skabelse, og som vi er en del af. Hver intelligens er en del af den umådelige Kristusintelligens. Vi er som flammerne i et gasblus. Der er mange små huller, gennem hvilke gassen strømmer ud, men under blusset er der kun én flamme. Vi er de små flammer, der kommer fra Livets store flamme. Det ene Liv ånder gennem alle livets porer. Det ene Liv er inden i alle blomster. Det ene Liv er bag hele naturen. Når vi kan føle vores bevidsthed i al skabelse, har vi opnået Kristusbevidsthed.

Når vi kan løfte vores bevidsthed hinsides alle skabte ting og alene virkeliggøre Guds umådelige, evige glæde, er vi i Kosmisk Bevidsthed. Når vi er i harmoni med den bevidsthed, der er hinsides al skabelse, vil vi se, at Gud avlede skabelsen i hans intelligens´ skød. Intelligensen i al skabelse, som er refleksionen af Intelligensen bag al skabelse (Gud Faderen) er Kristusbevidsthed, den enbårne Søn, i Indien kaldet Krishnabevidsthed.

Indiens Krishna var Jadava, hvis bevidsthed var i harmoni med Intelligensen i al skabelse. Og

Kristus var Jesus, hvis bevidsthed også var i harmoni med Intelligensen i alt. Disse to store sjæle fandt, at der bag alt liv er det Ene Liv. De havde trukket deres bevidsthed tilbage og set, at der bag alt er Guds ene refleksion, Guds ene Søn – Kristusbevidsthed eller Krishnabevidsthed. Jesus, Jadava, Buddha og Babaj er alle Kristus'er, dvs. de udvidede deres bevidsthed for at modtage den universelle Kristusbevidsthed.

De tre sind

Forandringen fra liv til død er blot en overgang fra én drøm til en anden drøm. Det er kun en tanke. Først drømmer vi, at vi er levende, så drømmer vi, at vi er døde. Når vi engang opnår den mægtige Kristusbevidsthed, indser vi at liv og død blot er Guds drømme. Det er derfor Jesus kunne sige: "Riv dette tempel (legeme) ned, og jeg vil rejse det igen på tre dage" (Johannesevangeliet 2,19). Han vidste at han kunne ændre drømmen om død til en drøm om liv, ligesom Gud kan.

Hvis nogen stikker os med en nål, ved vi det. Vores bevidsthed er tilstede i milliarder af kropsceller. Vi er også mere eller mindre bevidst om alle de tanker, vi har i løbet af dagen. Men når vi når til tres års alderen, kan vi så huske alle de tanker vi har haft i livets løb? Nej, og dog er de fleste af dem der, og venter kun på at blive kaldt frem, for vores underbevidste sind registrerer de tanker der er fremragende. Hovedbegivenhederne i vores liv er alle optegnet i vores bevidsthed.

Gud gav os først det bevidste sind, som er mere eller mindre begrænset. Efter adskillige minutter, dage, måneder, eller år, begynder vores bevidste sind at glemme visse tanker og begivenheder, men vores underbevidste sind indeholder hukommelseslagrene, og alt af betydning opbevares der. Bag det underbevidste sind er det overbevidste sind, der aldrig glemmer noget som helst af det vi har gjort. Ved den tid vi skal dø, indeholder det overbevidste sind en fortegnelse over alt hvad vi har gjort, og enhver tanke vi har haft, og alt dette vil glimte foran os i det øjeblik vi forlader legemet. De stærkeste indtryk vil bestemme vores omgivelser og vaner i det næste liv,

Endog som et ego – en sjæl der lever i kropsbevidsthed – kan vores bevidsthed være overalt, for tanken har ingen grænser, og vi er tilstede i enhver tanke vi har. Hvis vi kan nå overbevidstheden, hinsides tanken, kan vi iagttage alle vores tusinder af tanker. Hvis vi udvikler vores overbevidste sind, vil vi, ved tres års alderen, være i stand til at huske alle de tanker vi har haft i dette liv. I den guddommelige hukommelse glemmes intet. Tanker er objekter, og de er evige, altid til stede i æteren.

Udvidelse af bevidstheden

I begyndelsen er vi begrænset af vores egne idéer og tanker. Det er naturligt for os at være partiske overfor vores egne idéer, og at overse andres idéer, som faktisk kan være både større og bedre. Vi elsker at udføre idéer, der er til vores egen fordel.

Vi føler os alle sammen mere eller mindre lukket inde af vores begær og oplevelser. En person er fri, når han/-hun er færdig med at blive påvirket af vaner og konventioner, og i alle sine handlinger ledes af skelnende visdom. Frem for alt kan vi bedst skelne sandhed fra vildfarelse, når vi er fri af disse vaner og skikke, som er påduttet os. Når vi er fri af alle fordomme og skikke, kan vi, uden overlæg, se hvad der er rigtigt, og hvad der er forkert, men ikke før.

Eftersom omfanget af vores erfaringer øges, begynder vi at strække vores bevidsthed, der kan udvides som gummi uden at briste. Jo mere vi strækker den, jo større vil den blive. Når v begrænser vores tanker til os selv og vores kære, begrænser vi vores bevidsthed til os selv, og forhindrer spirituel vækst. Men så snart vi begynder at gøre noget for nogen anden, er vi ikke længere fuldstændig selviske. Vi har taget et skridt mod Kristusbevidsthed. Når vi virkelig gør noget for nogen anden, uden tanke om at bruge den person til vores egne selviske formål og ønsker, er vi for et øjeblik trådt ind i Kristusbevidsthed.

Pårørende er de personer, vi tænker på som vores egne. Ved at elske dem får vi øvelse i at strække vores bevidsthed, og opøves i at elske alle mennesker som vores pårørende, fordi både vores pårørende, og dem vi tænker på som fremmede, alle er børn af vores ene Far. Hvis vi begrænser vores kærlighed til vores familie, begrænser vi vores bevidsthed. Når vi elsker vores naboer som vores familie, begynder vi at udtrykke Kristusbevidsthed. Når vi føler for alle mennesker med den kærlighed, som vi føler for vores egne kære, udtrykker vi Kristusbevidsthed. Hvis vi har medfølelse med enhver ensom og med enhver ulykkelig vi møder på vores vej, har vi i sådanne øjeblikke midlertidigt udvidet vores bevidsthed til Kristusbevidsthed.

Sympati og uselviskhed

Denne verden er vores. Alt rum og alt i skabelsen er vores. Når vi indser det, er vi i Kristusbevidsthed. Vi bør stræbe kraftigt efter at nå denne bevidsthed, hvori vi indser og føler, at alt er vores, og vi ikke har nogen fordomme om race eller farve. Når vi begynder at føle andres hjerter, er vi ved at udvikle Kristusbevidsthed. Når vi har den bevidsthed, elsker vi alle. Vi føler det. Det er ikke noget vi blot forestiller os. Det er den slags kærlighed Jesus havde. Denne sympati udvikles ved at praktisere den transcendentale meditationsmåde. Det overbevidst sindede menneske er altid lykkelig og vis, og tilbageholder meditationens eftervirkninger. Hvis vi, uden anstrengelse, kan tilbageholde den udvidede bevidsthedstilstand, som vi føler efter frugtbar meditation, har vi overbevidsthed. Og Kristusbevidsthed kommer efter overbevidsthed.

Metafysisk vej til Kristusbevidsthed

Der er mennesker, som læser nogle få bøger og så påstår at de har Kristusbevidsthed. Den kan du kun opnå gennem meditation og selvdisciplinære bestræbelser. Gud er hvisken i din samvittigheds tempel, og Gud er intuitionens lys. Du ved hvornår du gør noget forkert. Hele dit væsen fortæller dig det, og den følelse er Guds stemme. Hvis du ikke lytter til ham, bliver han stille. Men når du igen vågner spirituelt, vil han lede dig. Han venter altid på det tidspunkt, da du vil vende hjem. Han ser dine gode og dine onde tanker og handlinger, men hvad end du gør, er du alligevel elsket som hans barn.

Reinkarnation

Fra krystal til menneske

Reinkarnation betyder at det sande billede af Ånd, den udødelige sjæl, overlever det forgængelige legeme, og går videre til et andet legeme. Det er en proces, der gentages mange gange, indtil sjælen fuldbyrder sin bestemmelse, og bliver genforenet med Ånd. Reinkarnation er nødvendig for at afvikle følgerne af menneskets egoistiske handlinger i mange tidligere liv, som er forvaret som frø-tendenser i de subtile legemer, der ledsager sjælen ved dens overgang fra et legeme til et andet.

Reinkarnation er en videnskabelig lære. Skønt den opstod i østens religioner, kan den også anses som en kristen lære. I den kristne bibel finder vi samme forestilling om reinkarnation; de samme universelle love om at finde Gud, som i Hindu- bibelen, Bhagavad Gita. Ordvekslingerne mellem Jesus og hans disciple i bl.a. Matthæus-evangeliet 11,13 – 11,15 'Jesu tale om Johannes Døber', 16,13 – 16,18 'Peters bekendelse', og 17,10 – 17,13 'Forklarelsen på bjerget' viser også at Jesus og hans disciple bekendte sig til troen på reinkarnation. Jesus var som bekendt jøde, og et element af reinkarnaion, genfødsel, eller sjælevandring, indgår da også i jødedommen, som kristendommen bygger videre på.

Det kan undre med hvilken begrundelse den kristne kirke tilsyneladende har forkastet denne lære. Det giver unægteligt kirken et forklaringsproblem. Reinkarnation er en af de største lærer. Uden forestillingen om reinkarnation kan vi, ud fra ét livs begrænsende perspektiv, ikke forstå

Guds evige retfærdighed. Mere end halvdelen af den menneskelige race har, under en eller anden form, troet på doktrinen om reinkarnation - Hinduerne i Indien, buddhisterne, tilhængere af den persiske tro Magi, de gamle jøder, og de tidlige gnostikere.

Evolutionel reinkarnation strækker sig fra inaktive krystaller til den menneskelige sfæres udtryksfulde eksistens. Efter mange liv i forskellige dyrelegemer, går sjælen videre til et menneskelegeme. Stof undertrykker Ånd, der prøver at omdanne det indefra ved evolutionel indflydelse. Reinkarnation repræsenterer de fremadskridende stadier, gennem hvilke Ånd returnerer fra materielle legemliggørelser til sig selv – fra de mange til den Ene.

Den udødelige sjæl

Loven om bevarelse af energi er sand, såvel i den subtile psykiske verden som i den fysiske verden. Sjælen er udødelig fordi den, skønt indfattet i et dødeligt legeme, eksisterede før, og vil eksistere i al fremtid. Betydningen af reinkarnation kan ikke forstås intellektuelt. Sjælens udødelighed og dens overgang fra et liv til et andet kan kun fattes når man bevidst oplever de kortvarige tilstande af søvn og død ved, med hengivenhed, at praktisere de højeste former for koncentrations- og meditationsteknikker. Dette er selvrealisation, anerkendelse af ens eget selv som evig lyksalighed, evig bevidsthed, evig eksistens.

Èt liv er ikke nok til at rense os selv tilstrækkeligt til at vi kan forbinde os med Ånd. Vi behøver tid til at afvikle vores ufuldkommenheder. Vores udødelighed – den rene sjæl i os – behøver tid til at gå samme vej tilbage til Gud. Vi kan ikke gå tilbage til den udødelige tilstand medmindre vi bliver fuldkomne, og for at blive fuldkomne behøver vi et antal liv til at afvikle vores begær.

Mens den udødelige sjæl er i det fysiske legeme, påtager den sig egoet og dets ufuldkommenheders maske. Sjælen kan ikke gå tilbage til Ånd før den har fjernet disse bedrageriske ufuldkommenheder. Da de ikke kan fjernes på ét liv, må sjælen reinkarnere for at besejre dem. Det er fejlagtigt at tro, at sjælen går tilbage til Gud, blot i kraft af fysisk død. Hvis det forholdt sig sådan, hvad nyttede det så at være god? Hvorfor ikke gøre alle de ting vi ønsker at gøre, gode som onde, hvis vi ved livets afslutning alligevel går tilbage til Gud?

Gud sender udødelige sjæle til den jordiske skole for at opføre et dødeligt drama med udødeliges indstilling. Men sjæle, der har gået længe i denne skole, glemmer deres udødelige natur. De indskrænker deres almægtighed med begrænsende dødelige begær. Vi bør undgå dødelige begær, fordi de forhindrer os i at virkeliggøre sjælens altid nye, lyksalige, alt tilfredsstillende, udødelige natur.

Det var ikke Guds mening, at hele menneskeheden skulle trække sig tilbage fra et aktivt, nyttigt liv i verden, for at leve som eremitter. Det ville heller ikke være muligt for alle mennesker at gøre det. Så hellere gøre som Bhagavad Gita påpeger: "Udfør alle den verdslige eksistens´ opgaver med Guds bevidsthed". Ved således at spille vores roller i det dødelige livs drama, vil vi behage både Gud og mennesker.

Livets træ

I Johannes´ Åbenbaring 2,7 står der: "Den, der sejrer, vil jeg give at spise af livets træ, som står i Guds paradis". Det betyder, at den der overvinder legemets begær ikke vender tilbage til Jorden for at smage det jordiske livs bittersøde frugter, men vil blive i stand til at nyde Gud, eller 'Livets Træ', der altid er nærværende i den evigt levende, guddommelige lykkes sfære. Bhagavad Gita siger: "Jeg, Ånden, lader mig selv reinkarnere igen og igen for at opløfte de undertrykte og forløse de retskafne". Krishna og Jesus var to sådanne guddommelige inkarnationer.

Vi gør ikke fremskridt på én gang, men gradvis. Mange fødsler giver vores sjæle og fine legemer en chance for at forbedre sig. Forskellen i temperament, natur, dygtighed og evolution for forskellige medlemmer af samme familie, som har samme omgivelser og samme uddannelse, kan kun forklares gennem læren om reinkarnation. Gud er upartisk, og ville ikke skabe én person velstående og en anden fattig; de er hvad de er som et resultat af deres egne handlinger. Imidlertid bør de heldige ikke ufølsomt overlade de uheldige til deres skæbne. Folk, der er gunstigt stillet, bør hjælpe de mindre gunstigt stillede; ellers vil de udvikle følelsesløs karma, som spirituelt vil fornedre dem, og til sidst gøre dem fattige.

Hvis f.eks. en baby fødes blind, skyldes det ikke en eller anden synd hos dens forældre; det skyldes at babyen har overtrådt en spirituel lov i et tidligere liv. Hvor går en person, med lige megen god og dårlig karma, hen efter døden – til himmel eller helvede? Reinkarnation, hvorigennem der kan opnås fuldstændig godhed, løser dette spørgsmål.

Undgå tvungen reinkarnation

Det er naturligt at ønske at leve frit, som ejer, og ikke at blive smidt ud af sit eget legemlige hjem. Vores virkelige hjem er allestedsnærværelse, men vi har glemt det. En dag vil dette lille legemlige bur gå i stykker, uanset om vi ønsker det eller ej. Hvorfor ikke lære hvordan vi bevidst kan gå ud af og returnere til legemet, med vilje?

Da kun Ånd eksisterede, sagde han: ”Jeg ønsker at manifestere mig”. Så ved loven om evolution udtrykte han sig selv i forskellige 'livløse' former, indtil han til sidst blev planteliv. Så tænkte han: ”Jeg udtrykker liv og skønhed i planten, men jeg ønsker at nyde bevægelse”. Derfor blev hans fødder frigjort fra Jorden og han manifesterede sig som dyreliv. I naturen erkendte Gud først sin skønhed i manifestation, og i dyret erkendte han ikke blot sin skønhed men også sin følsomhed. Hans stemme begyndte at synge i nattergalen, og han sagde: ”Godt, jeg synger, men jeg er ikke bevidst om hvad jeg synger”, så Gud blev menneske. Han begyndte da at udtrykke sin fornuft. I menneskets tankekraft er Guds allestedsnærværelse udtrykt mere end i andre former. Så blev Gud til overmennesket, der erkender sin oprindelse og enhed med Gud. I overmennesket er Gud i stand til at udtrykke sin allestedsnærværelse, for han ved at han er tilstede i alle ting, også i et menneskelegeme.

Hvordan opnår vi den guddommelige bevidsthed om vores allestedsnærværende Gudnatur? Først er det nødvendigt at lære hvordan sansernes søgelys kan vendes fra stof mod Ånd. Når vi kan udføre denne omvendelse med vilje, er vi godt på vej til selvrealisation. Ét liv er ikke nok til at lære lektien fra denne verden, men gennem påskønnelse af alle gode ting, og gennem ikke-tilknytning, kan vi frigøre os fra tvungen reinkarnation, der er selvpåført. Vi bør reinkarnere på Jorden af egen fri vilje, som Jesus gjorde. Befri sjælen fra karmas lov, der binder den, og befri den dermed fra den tvungne reinkarnations trældom.

Så længe et menneske nærer had og afsky overfor nogen anden, så længe må det menneske fortsætte med at vandre gennem inkarnationernes korridorer. Når vi føler at stjernerne, skyerne, fuglene, dyrene, store mennesker og udstødte er lige så kære for os som vores blodbeslægtede, og at vores allestedsnærværende hjerte banker i dem alle, så vil reinkarnationernes fangenskab ikke længere blive påtvunget os.

Sjælen og dens subtile legemer

Det fysiske legeme er hovedsagelig sammensat af seksten kemiske bestanddele, som kan købes hos en materialhandel for små penge. Når det fysiske legeme dør, kan vi dog ikke genskabe det af disse bestanddele. Hvilke fine kræfter er da afgørende for skabelsen af et fysisk legeme? Og hvilket blåtryk bestemmer dets forskellige egenskaber?

Indiens *rishier* opdagede, at der, skjult i menneskets fysiske legeme er to andre legemer: Astrallegemet sammensat af nitten kræfter, og kausal- eller mentallegemet sammensat af femogtredive elementære 'idéer'. Sjælen plus mentallegemet, plus astrallegemet, plus de uopfyldte begær fra tidligere jordiske liv, og de karmiske spor efterladt fra tidligere jordiske handlinger, er de kræfter, der tilsammen tvinger mennesket til at træde ind i en ny jordisk inkarnation. Sjælen, der gennemtrænger alle tre legemer, kan ikke forene sig med det allestedsnærværende ocean af Ånd, fordi uvidenhed holder sjælen tilbage i de tre legemer. Det kan bedst illustreres sådan: Det er næsten som om mennesket har tre sæt klæder – overfrakke, jakkesæt og undertøj. Ved det fysiske legemes død smider sjælen kun sin 'overfrakke', men bærer stadig sit astrallegemes 'jakkesæt' og sit mentallegemes 'undertøj'.

Astrallegemet, bestående af nitten vibrerende bestanddele, reinkarnerer sammen med mentallegemet og de uopfyldte begær og karmiske spor fra tidligere tilværelser. Ved hver jordisk inkarnation påtager astrallegemet sig et nyt fysisk legeme. Mentallegemet har femogtredive 'idéer', af hvilke nitten medvirker til at forme astrallegemet, mens de resterende seksten leverer 'idéerne' til de seksten grove kemiske bestanddele, som danner cellerne i det fysiske legeme.

Astrallegemet er opbevaringssted for de nitten idéer: 1) Intelligens (*buddhi)*, 2) egoisme (*ahamkara)*, 3) hjerte, eller følelse, eller følsomhed (*chitta),* 4) sind, eller sansebevidsthed (*manas),* evnen til at opfatte gennem sanserne. Det er hovedsagelig sindet, der er virksomt i alle væsener, men jo mere intelligens (*buddhi)* de anvender, jo mere indsigt og dømmekraft viser de. Efter disse fire kommer de resterende femten idéer som tre sæt kræfter med fem kræfter i hvert sæt:

a) Fem kundskabsredskaber – de subtile astrale kræfter, der sætter de fysiske sanser i stand til at se, høre lugte, smage og føle.

b) Fem handlings-redskaber – kraft til at avle (kønsorgan), udskille (endetarm), tale (mund), gå (fødder) og udøve manuel færdighed (hænder).

c) Fem livskrafts-redskaber – de fem former for *prana*, som vedligeholder de fysiske legemsfunktioner, krystalli-sering, fordøjelse, bortskaffelse, stofskifte og kredsløb.

Hvis den krystalliserende strøm i legemet ikke fungerer ordentligt, kan der opstå sygdom, som f.eks. tuberkulose. Hvis kredsløbsstrømmen arbejder uregelmæssigt, kan det resultere i anæmi, lavt blodtryk, m.v. Alle nitten astrale legemeskræfter er forbundne med det fysiske legeme, hvorfor sygdom kan påvirke enhver af de subtile sanser i de ti astrale følsomheds-organer: Kundskabs-kræfterne for syn, hørelse, lugt, smag og følelse; og handlings -kræfterne i hænder, fødder, tunge, kønsorganer og endetarm.

Begæret som årsag til genfødsel

Ved fysisk død går mennesket til den astrale verden, indfattet i sit astrallegeme og sit mentallegeme. Der forbliver det i en bestemt periode;

hvor længe er karmisk bestemt. Så tager det igen fysisk form for at høste resultaterne af handlinger fra tidligere fysiske inkarnationer, og for at arbejde med alle jordiske begær, som ikke er blevet opfyldt.

Begær er den grundlæggende årsag til genfødsel. Handlinger udført ud fra egoistiske ønsker om et bestemt resultat efterlader spor i sindet, hvorimod handlinger udført uden selvisk tilknytning til deres resultater ikke efterlader spor, dvs. ikke skaber nye mentale mønstre af bindende karma. Stærkt egoistisk begær i forbindelse med ambitioner eller ens forhold under jordiske liv, som til familie, venner og land, er bånd, der binder mennesket til Jorden og til at reinkarnere der.

Hvis du er syg eller skrøbelig under det meste af dette liv, vil du tiltrække et fremtidigt fysisk legeme med tilsvarende svagheder, medmindre du har lært den karmiske lektie deraf. Hvis du er sund nu, vil du igen tiltrække et sundt legeme, forudsat at du på forsvarlig og uhildet måde har draget omsorg for dette, og forudsat at du ikke har været udeltagende over for de mindre raske. Tilsvarende, hvis du er rig, vil du sandsynligvis igen blive tiltrukket til et velhavende hjem, men hvis du har bevidsthed om fattigdom eller nød på dødstidspunktet, vil den karmiske tendens, skabt af dit sind, forårsage at du reinkarnerer i et fattigt hjem. Bedst er det at blive født ind i en familie af spirituelt sindede mennesker. Hvert menneske tiltrækker de forældre og det miljø, det har fortjent.

Hvad du er nu, har du påført dig selv, ved hvad du har været. Hvad du er nu, vil du blive, medmindre du bestræber dig på at ændre din bevidsthed, dine vaner og dit begær. Din nutid er bestemt af din fortid, og din fremtid, dvs. dit miljø i det næste liv, vil afhænge af dine tankers væsensindhold i dette livs sidste øjeblikke. Tendensen af hele dit liv vil da fremstå for dig, og din karakter vil så bestemme hvilket slags legeme, sind og miljø du vil få i dit næste liv.

Det er naturligt at spekulere over, om man genfødes på Jorden straks efter den fysiske død. Akkurat som nogle mennesker sover i lang tid og andre i kort tid, således vågner nogle sjæle hurtigt op i den astrale verden efter den fysiske døds søvn, og ønsker at returnere til Jorden, mens andre forbliver i den astrale verden i hundreder af år. Spirituelle mennesker kan forblive i den astrale verden i lang tid eller hurtigt tage et nyt fysisk legeme, som det passer dem.

Forskellen mellem fysiske og astrale sanser

Det fysiske legeme, som sådan, har ingen sanseopfattelser, kun sanseorganer; opfattelserne har deres basis i astrallegemet. De fysiske sanser er blot redskaber for de subtile astrale sanser, som er de virkelige organer.

Kun udtryksmåden er afhængig af de fysiske sanseredskaber. Selv om øjnenes og ørernes fysiske sansetelefoner skulle blive beskadiget, forbliver syns- og høreevnen i astrallegemet. De fysiske øjne kan blive blinde, men de astrale øjne kan stadigvæk se. En blind person kan se i drømme, for da bruger han/hun sine astrale synsevner. Det er det samme med hørelsen og de andre sanser. Mennesket kan frit bruge alle ti sanser i astrallegemet. Mennesket anvender sine astrale sanser i sine drømme hver nat. Alt hvad en person kan gøre i det fysiske legeme, og meget mere, kan udføres i drømmeverdenen ved hjælp af sindets kræfter, der fungerer gennem de ti subtile sanser og livskraftens fem redskaber. Drømmefænomenerne er bevis på sanseopfattelsernes astrale natur, og giver en nøgle til forståelse af den astrale verdens natur.

Mental- eller kausallegemet

Mentallegemet har, som tidligere anført, femogtredive 'idéer'. Da Gud skabte de femogtredive elementære 'idéer', der danner mennesket, gav Gud disse 'idéer' deres relative særpræg eller differentiering i tankerne.

Han fik da disse femogtredive tanker til at vibrere for at bringe det subtile astrallegeme, bestående af nitten 'idéer' eller kræfter, og til slut det grove fysiske legeme, bestående af seksten materielle bestanddele, til formel manifestation. Før Gud skabte stof, eller tanke, eller følelse i virkeligheden, skabte han hver af dem som en 'idé' i sit sind, dvs. som differentieringer i sin bevidsthed.

En klippe er en materialiseret tanke i den kosmiske drøm, skabt af Guds bevidsthed. Den eneste forskel mellem klippen og et tankeglimt består i hvilken slags idéer, der frembragte dem. Dette er også sandt i menneskelige drømme, hvor vi kan skabe en realistisk klippe eller et realistisk menneskeligt væsen. Deres virkelighed og tilsyneladende differentiering er blot idéer frembragt af vores sind.

Egoistisk begær holder sjælen indespærret i de femogtredive elementære idéers bur. Derfor siger helgenerne, at vi skal besejre begæret, der er hovedårsagen til sjælens binding til de tre legemer. Ved fysisk død træder menneskets astrallegeme og mentallegeme ind i den astrale verden. De som har udtømt hele deres jordiske karma, og som ikke har noget ønske om at returnere til Jorden, går da tilbage til Gud.

Til trods for den kendsgerning at vi reinkarnerer, lever hver person kun én gang som en speciel personlighed, fordi vi, bortset fra enkeltstående tilfælde, ikke kan huske vores tidligere liv. Derfor er hver sjæl, trods udødelighed, normalt kun bevidst om dens nuværende liv. Det er måske godt, at vi kun ved, at vi skal spille livets drama én gang, for så at blive kaldt tilbage hvorfra vi kom. Mange mennesker ville udsætte bestræbelserne på at gøre deres bedste, hvis de vidste at de fik en ny chance, og mange ville ikke have mod til at spille deres livsdrama godt, hvis de vidste at de havde optrådt meget dårligt i deres tidligere liv.

Evolution og reinkarnation

Livets oprindelse

Alt stof er sammensat af levende intelligente 'elektroner'. Mineraler, planter og dyr består alle af intelligens og 'elektroner'. Selv en jordklump reflekterer intelligens, når den i nogle tilfælde omdanner sig selv til mineraler og i andre tilfælde til næring for planter, der ernærer dyr og mennesker. Så jordbunden er levende, og planter er i høj grad levende. En tropisk sort af den følsomme mimose, lukker således sine blade når man rører den.

Ifølge evolutionsteorien er alle former for havdyr, dyre og fugleliv indbyrdes forbundne. Eksempelvis har nogle fisk, som blev jaget af større og hurtigere fisk, udviklet fuglelignende egenskaber, og er blevet til flyvefisk. Andre fisk udviklede lunger, der kan bruges i stedet for gæller, når floderne tørrer ud. Haletudsen begynder livet som en fisk med gæller, og bliver senere til et landlevende dyr med lunger.

Ligesom hos andre pattedyr, har det tidlige menneskefoster gæller og hale. Det afspejler at alt liv har sin oprindelse i vandet. Indtil nu er der dog ikke noget bevis på, at en abe har forvandlet sig til et menneske. Forestillingen om 'a missing link' mellem dyr og mennesker er fejlagtig. Jordens dybeste lag afslører først bløddyrsskaller, så vegetation, dyr, og til sidst forskellige slags urmennesker, og det moderne menneske. Vi finder ikke kranier eller knogler af noget halvt menneske, halvt dyr i de lag hvor dyreskeletter er fundet, eller i de lag hvor menneskeskeletter er fundet.

Mennesket - en speciel skabelse?

Mennesket kan være en speciel skabelse, selvom menneskelegemet er skabt efter dyrenes mønster. Meningsforskellene mellem tilhængere af udviklingslæren og tilhængere af Genesis kan løses ved at acceptere et mellemsynspunkt. Videnskaben har ret når den konstaterer, at alle nutidige dyre- og plantearter er indbyrdes forbundne, og har samme oprindelse, dvs. stammer fra én eller flere simple former for liv, men da ingen har fundet noget manglende led mellem dyr og menneske, bør vi være åbne overfor muligheden af, at mennesket er en speciel skabelse. Man kan da spørge: "Hvordan kan det være, at der er dyriske kendetegn i mennesket, hvis det er en speciel skabelse, forskellig fra dyrene"? Svaret er, at for at gøre yderligere fremskridt, måtte de højst udviklede dyresjæle reinkarnere i specielt skabte menneskelegemer.

Hukommelse ikke prøven på tidligere eksistens

Den kendsgerning, at vi normalt ikke kan huske vores tidligere liv, betyder ikke, at vi ikke har eksisteret før. Vi husker ikke de ni måneders embryonale eksistens i dette liv, og vi husker heller intet fra vi var seks måneder gamle. Det er derfor mindre sandsynligt, at vi ville kunne huske, at vi havde levet i et andet legeme med en anden hjerne og et andet nervesystem, og med et andet udseende.

Det er godt, at vi ikke husker vores barske oplevelser i de tidligere livs skole, for vi kunne blive modløse ved udsigten til at skulle kæmpe med dem igen. Vi kunne endog føle ulyst til at være gode igen, fordi vi troede at gode gerninger var nytteløse; eller vi måtte kede os over gentagelsen. Hvem ville bryde sig om igen at gennemleve barndommens pjank, ungdommens komedier, og alderdommens tragedier, blot i én livstid! Tænk hvilken velsignelse reinkarnation er! Den nedriver vores skrøbelige gamle legeme, og giver os et helt nyt, i hvilket vi igen kan prøve at vinde livets spil.

Det kræver mange års koncentreret mental udforskning at komme til at kende sine tidligere inkarnationer. Et sådant kendskab opnås ikke ved at læse bøger eller høre foredrag, men kun gennem videnskabelig, metafysisk undersøgelse. Reinkarnation er den eneste logiske løsning på mysteriet om formålet med vores liv. Vi er udødelige sjæle, bestemt til en dag at returnere til vores hjem i Gud. Hvis vi dør i bevidstheden om dødelig ufuldkommenhed, kan vi ikke straks vende tilbage til Gud. Vi må udrydde vores tilegnede egoistiske ufuldkommenhed ved ret levevis. Det kan kræve mange liv at genoprette vores sjælefuldkommenhed.

De tilbøjeligheder vi udviser op til fem års alderen stammer fra vores tidligere liv. Efter den alder bliver de fortyndet med nye tilegnede tilbøjeligheder fra dette liv. Prøv at tænke så langt tilbage som du kan huske, og opregn derefter dine første ublandede tilbøjeligheder. Følte du dig tiltrukket af røgelse og orientalske møbler? Eller holdt du af mekanik og mekaniske instrumenter? Sådanne tidlige tilbøjeligheder, udskilt fra de tilegnede tilbøjeligheder i dette liv, afslører din fortid. Vesterlændinge kan udvikle orientalske særpræg i dette liv, og omvendt; og når de genfødes kan de skifte race og nationalitet.

Undertiden fødes kloge børn af almindelige forældre, og undertiden får intelligente forældre evnesvage børn. Disse livets tilsyneladende luner viser, at sjæle med forskellige evolutionære fremskridt kan blive født i samme familie. Hvis medlemmerne i en familie skændes det meste af tiden, indikerer det undertiden, at de kendte hinanden i et tidligere liv, og var ærkefjender, der koncentrerede sig om at befæste hadet til hinanden. Så ifølge lovene om koncentration og tiltrækning, som had medfører, bragte naturen igen de kæmpende sjæle sammen, så de på nært hold, indenfor hjemmets lille kampplads, kunne få nok af den længe savnede lejlighed til at give frit løb for lysten til at kæmpe mod hinanden. Så pas på! Bring ikke din fjende tæt på dig, og tiltræk heller ikke hans/hendes dårlige egenskaber ved konstant at koncentrere dig om ham/hende gennem hadets kanal.

Bliv fri af begær og tilknytninger

Hvis begærene ikke er afviklet før døden, må sjælen vende tilbage til Jorden til et nyt legeme for at udtømme disse begær. Hvis f.eks. du dør med ønsket om at eje en kostbar bil, vil du ikke forblive i himlen, eller den astrale sfære, hvor sjæle svæver omkring uden befordringsmidler; du bliver nødt til at komme tilbage til Jorden, hvor det særlige ønske kan opfyldes. Selv de største jordiske begær er begrænsede, når de sammenlignes med sjælens sande begær efter at arve kosmos´ evige rige.

Handlinger udført for at behage Gud skaber ikke karmisk tilknyttende bånd. Men handler du med grådighed eller tanke på at gavne dig selv, og du så pludselig dør med begæret uopfyldt, bliver du nødt til at komme tilbage til Jorden for at få det opfyldt. Det betyder ikke, at du bør være uden ambitioner. Den dovne, forsømmelige person, der ikke stræber efter at behage Gud med gode gerninger på Jorden, må vende tilbage indtil han/hun lærer at arbejde med det ene formål at behage Gud. Egoisten, der kun arbejder for at tilfredsstille sig selv, bliver indviklet i et net af begær, som han/hun først kan befri sig for efter mange inkarnationer. Derfor bør du hverken være doven, åndsfraværende, eller egoistisk ambitiøs; men snarere være guddommeligt ambitiøs efter at arbejde og optræde på Jorden med det rigtige sindelag. Arbejd uforbeholdent for sandheden, med Gud i dit hjerte. Så vil du finde virkelig lykke, uanset hvor du er.

Alle eksaminer i den jordiske skole skal bestås

Det fysiske legeme er beboelseshuset, og sjælen er beboeren. Det kødelige hus er forgængeligt. Sjælen, der er billedet af Ånd, er uforgængelig. Det var derfor Jesus sagde: ”Jeg (den reflekterede individualiserede sjæl) og min Far (allestedsnærværende Ånd) er ét". Når legemet dør må sjælen finde ly andetsteds, men på grund af sjælens intime kontakt med legemet, udvikler den begær efter ufuldkomne fysiske nydelser. Denne ufuldkomne materielle tilknytning hænger fast ved den frigjorte sjæl, og forhindrer den i at vende tilbage til Ånd. Derfor har den udødelige, men ufuldkomment manifesterede, sjæl ikke andet alternativ end at vende tilbage til livets dødelige skole for at udtømme ufuldkommenheder.

Sjæle, som ikke er i stand til at bevare deres fuldkommenhed mens de deltager i den uddannende underholdning i livets dødelige skole, må gå tilbage til Jorden i mange inkarnationer, indtil deres skjulte Ånde-natur fremtræder fuldstændigt. Den udødelige sjæl skal vinde adskillige priser i at opretholde Ånde-udholdenhed, selvkontrol, upartiskhed, moral, ro, og spiritualitet, før den har bestået alle klassetrin i den jordiske skole, og er parat til udødelighed.

Ulegemliggjorte sjæle

Sand definition

Sædvanligvis opfattes en ulegemliggjort sjæl blot som en sjæl, der har mistet sit fysiske legeme ved død. Men i den oprindelige betydning betegner 'ulegemliggjort', at sjælen er blevet frigjort, ikke blot fra sit fysiske legeme, men også fra de to andre legemer – astrallegemet og mentallegemet.

Her på Jorden kan folk ikke blot gå ind i andres hjem, som det behager dem. Efter at have forladt det fysiske legeme, kan ufrigjorte sjæle heller ikke blot strejfe om i Faderens huse, som det behager dem. De må forblive i bestemte dele af det astrale univers. Lokaliteten afgøres af den karmiske lov om årsag og virkning, der styrer resultatet af alle menneskelige handlinger. Efter deres forskellige egenskaber danner sjælene, bevidst eller ubevidst, forskellige grupper, og forbliver sammen i deres respektive områder i rummet.

Yogier, der i deres jordiske liv lærer hvordan de kan forblive bevidste under søvntilstanden, og som med viljens kraft kan standse åndedrættet, og stadig forblive bevidste, kan bevidst forlade legemet og forblive bevidste, selv i dødens endelige søvn. Sjæle, der har ført et retskaffent liv på Jorden, har det privilegium at kunne forlade deres vibrerende bolig i den astrale verden, når som helst de ønsker at reinkarnere på det fysiske plan; reinkarnation er ikke påtvunget dem.

Under vores jordiske ophold giver vi hovedsagelig vores kærlighed til medlemmer af vores familie. Vi bliver knyttet til dem, og så river døden dem pludselig bort fra os. Det får os til at føle os oprørske. Hvordan kan det være at væsener kommer ind i vores liv og så tages bort igen? Hvad er grunden til det? Hvis nogen fravrister os vores materielle ejendele, kæmper vi og fører retssag mod vedkommende, men vi kan kun græde hjælpeløst når vores kære pludselig og tilsyneladende urimeligt tages fra os. Vi lider stille og så, efter en tid, glemmer vi mere eller mindre, og accepterer tingenes tilstand.

Hvad styrer menneskelige forhold?

Er der nogen tilfredsstillende forklaring på, hvorfor vi har fået nogle bestemte at elske, og hvorfor de tages fra os af dødens grusomme hånd, måske før vores kærlighed til dem er fuldt modnet? Er forældres kærlighed blot instinktbetonet? Er ægteskabelig kærlighed kun natur- og seksualbetonet? Skyldes venskab kun forbigående følelser? Er drømmen om evig kærlighed mellem sjæle blot indbildning? Skyldes det et tilfældigt naturens lune, at nogle sjæle føres sammen, og bliver knyttet til hinanden, eller er det på grund af ens handlinger i tidligere liv, ens tilbøjeligheder, samme tendenser? Er det bekendtskab, venskab og kærlighed fra tidligere liv, der bringer sjæle sammen? Har Gud skabt os som intelligente dukker, der skal udspille hans livsdramaer, for til slut at blive tilintetgjort ved hans vilje? Har han gjort nogle af os fattige, andre rige, og nogle idiotiske eller kloge, blot for at fylde livets scene med mangfoldighed? Er dette liv begyndelsen og slutningen? Er sjæle kun skabt til én levetid som forskellige slags mentaliteter, der tiltrækker hinanden gennem ens sympatier og antipatier, for blot at skilles for evigt ved død? Er kærlighed blot en kemisk affinitet, der mister sin styrke efter en bestemt periode af midlertidigt sammenhold, så elskende må skilles for altid ved død? Spøger naturen med venskab og med sand kærlighed mellem sjæle? Sådanne spørgsmål dukker naturligt op i sindet på vores rejse gennem livet.

Menneskelig kærlighed må udvides til guddommelig kærlighed

Svaret på dem alle er, at guddommelig kærlighed prøver at udtrykke sig i menneskelige sjæle på forskellige måder, som f.eks. kærlighed mellem ægtefæller, forældre og børn, og mellem venner. Alle de forskellige forhold til familie, samfund og nationalitet blandt levende skabninger (selv blandt dyr, fugle og blomster) er livskatalysatorer, der har til formål at rense og omdanne jordisk kærlighed til guddommelig kærlighed. Når venskab og kærlighed mellem sjæle bliver angrebet af giftstoffer som besiddetrang, selviskhed, mekaniske familieforhold, seksuel besættelse, følelsesmæssig ophidselse, m.v. dør menneskelig kærlighed.

Men skjult i hvert menneskes hjerte er der en evig, guddommelig kærlighed. Den kan forblive sovende en stund, men den dør aldrig. Hvis et menneskes menneskelige kærlighed er ude af stand til at blive renset ved dets forbindelse med andre mennesker, vil det blive utilfreds, og vil blive ved med at søge efter andre kærlig-heder i dette liv (eller hinsides dette liv, i en astral inkarnation), indtil det møder nogen (sædvanligvis dets guru) i hvem det finder det fulde udtryk for alle den guddommelige kærligheds fuldkommenheder. Den højeste form for jordisk kærlighed er venskab, for i venskab er der ikke nogen tvang. Indtil det sande venskabs fuldkomne, ubetingede, udødelige, rene, guddommelige kærlighed er blevet udtrykt af sjælen i en menneskelig inkarnation, vil der ikke være nogen frigørelse.

Fra fysisk til metafysisk tilværelse

Døden betyder ikke tilintetgørelse. Snarere bør døden betragtes som en dør, gennem hvilken sjæle forlader det jordiske liv, og træder ind i den strålende, altid fredfyldte region af vores fælles kosmiske hjem. Dødelig frygt, hjertesorger, drømme, og illusioner forsvinder, og dødens mørke skifter til det smukke astrale univers' lys. Hvorfor ynkes over de døde? I nylært kundskab ynker de os. Vi kan ikke se dem med vores grove, spirituelt blinde øjne, men de kan på samme tid se deres super-region og Jorden med deres spirituelle øjne.

Døden er den fuldstændige afbrydelse af *prana* (livskraftens hovednerve-strøm) til et legeme. Det er en tilstand af uvirksom, ufrivillig afslappelse, forårsaget af sygdom, ulykkestilfælde eller sorg. Den virkningsfulde, pludselige, og permanente afbrydelse af livsstrømmen til legemet, som mange mennesker antager for at være udslukkelse af liv, er i virkeligheden kun en midlertidig tilstand. Det er ikke afslutningen, men en overføring fra fysiske oplevelser i det foranderlige stofs grove område til renere glæder i det astrale riges mangefarvede lys.

Mennesker, hvis mentallegemer og astrallegemer er inficeret med frø fra dårlig karma (fra tidligere handlinger), og med utiltalende begær, bliver overordentlig bange ved dødens kalden, og kæmper hårdt for at overhøre den. De ønsker at blive i deres kødelige hus, selv når deres legemlige lejemål er udløbet. Men loven om forandring, eller død, sætter dem ud med tvang. Den dybe mentale smerte, der opstår i sådanne mennesker ved deres uønskede uddrivelse, forårsager, at de bliver bevidstløse ved død. Det tager lang tid for dem at genvinde fuld bevidsthed i den astrale verden. Efter deres subtile legemers egenskaber, tildeles ulegemliggjorte sjæle forskellige vibrerende regioner med praniske, eller livsenergi-huse i det uendelige rum at bo i.

Legemet er sammensat af intelligent organiserede bevægelser, i form af følelser (fysiske legeme), energi (astrallegeme), og idéer (mentallegeme), der roterer omkring et ego. Sjælen kommer ikke tilbage til sin egen åndelige bevidsthed så længe egoet styrer de tre legemer. Egoet er til stede som kropsbevidsthed eller identifikation af selvet med legemet. Det er egoet, der siger: "Jeg går" osv. Egoet er også tilstede i drømmebevidstheden, der ved: "Jeg drømmer". Det er også til stede i den dybe søvntilstand. På grund af egoets aktive tilstedeværelse, får sjælen ikke en chance for at kende sig selv. Frelsen ligger i fuldstændigt at frigøre sjælen fra dens identifikation med de tre legemer. Store sjæle reinkarnerer i de tre legemer uden at blive knyttet til eller identificeret med dem.

Fjern al frygt for døden

Mennesker, der studerer selvrealisation, ved hvordan de, bevidst og med viljens kraft, kan afbryde livsstrømmen til hele legemet, og således frigøre deres bevidsthed for frygten ved døden. Ligesom elektricitet ikke 'dør' ved at blive afbrudt fra en pære, den gennemstrømmer, men blot trækker sig tilbage i dynamoen, således bliver det virkelige selv aldrig tilintetgjort, men trækker sig tilbage i det uendelige, allestedsnærværende Selv, når menneskets livskraft til legemet afbrydes. Hverken i dette liv eller i det astrale liv er der nogen død.

Når vi går til den astrale verden, bliver det jordiske liv uvirkeligt for os, og det astrale liv synes virkeligt; og når vi kommer tilbage til det jordiske liv, bliver det astrale liv uvirkeligt for os, og det jordiske liv synes virkeligt. Men begge disse oplevelser er ikke andet end Guds drømme. En dag, når vi finder ham, vil vi vågne op fra alle disse drømme om 'liv og død'. Menneskets idéer om Utopia stammer fra dets oplevelser i det astrale rige. Men selv når vi ankommer til det himmelske astrale rige, vil vi ikke blive fuldstændig tilfredse. Vi må befri os fra alt selvbedrag, både fra den fysiske verden og fra den astrale verden, før vi kan realisere os selv som evig, lyksalig Ånd.

Avancerede væsener kan nås gennem kærlighed

Det er muligt at kontakte astrale væsener både passivt og ved brug af koncentration. Et spirituelt medie kan påkalde astrale væseners tilstedeværelse, når det er i en bestemt trancetilstand, men denne praksis er farlig. Astrale væsener kan og bør påkaldes bevidst. I trancetilstanden er det kun omstrejfende, uansvarlige, ulegemliggjorte sjæle, der bemægtiger sig legemet i hvilket de er blevet inviteret, og som kan skade det ved at blive for længe. Store sjæle i den astrale verden accepterer kun invitationer ved bøn, kærlighed og meditation; andre midler tiltrækker dem ikke. De manifesterer heller ikke deres tilstedeværelse gennem dødelige medier, som ikke er spirituelt højt udviklede. For at opnå bevidst forbindelse med ønskværdige astrale væsner må vi, først af alt, besidde ønsket, samt tålmodighed og styrke; og vi må følge loven. Men hvordan? Det spirituelle øje er redskabet. Det er radioen, med hvilken vi udsender, og det er modtageren, med hvilken vi kan stille ind på den anden verden.

Mange har i drømme oplevet at se en højt elsket person, der er gået bort. Sådanne tilsynekomster er ikke altid blot en afspejling af ens egne tanker. Undertiden prøver bortgåede elskede at komme i forbindelse med os, når vi befinder os i drømmetilstanden. Det er også muligt at stille ind på elskede, som er døde, og som er blevet genfødt på Jorden. I drømme kan vi ikke kommunikere noget budskab til dem, men i den overbevidste tilstand kan vi opnå kendskab til, hvordan vi kan lokalisere dem, og hvordan vi kan tale med dem. Det foregår ved at hjertet udsender bestemte vibrationer; og ved at bestemte modtagne elektriske impulser kommer ind i hjernen. Under dyb koncentration, når alle andre tanker er udelukket, kommer det ønskede billede derpå til syne. Først må vi dog lære, hvordan vi stiller ind med overbevidsthed.

Medmindre vi nærer kærlighed til en person, kan vi ikke finde ham/hende. Og hvis vi er bedrøvede, og sørger over en person, der er død, kan vi holde ham/hende bundet til Jorden. Den holdning er selvisk. Vi græder over os selv på grund af vores eget tab. Vi kan hjælpe ham/-hende meget mere, hvis vi blot sender ham/hende vores kærlige tanker. Sådanne tanker rejser gennem æteren, og modtages af bortgåede sjæle. Når vi sender en intelligent styret tanke gennem æteren vil den, hvis tanken er vedvarende, til sidst nå den ønskede person.

Karma

Som du sår, således høster du

Dit fysiske legeme blev ikke fremstillet af Gud alene. Du har selv udført meget arbejde på det. Gud skabte alle mennesker i sit billede. Nogle ansigter afspejler gudhengivenhed, men andre mennesker har vanhelliget Guds billede med forkerte tanker og handlinger, og deres ansigter afspejler ondskab og ubarmhjertighed. Dit fysiske udseende afspejler dine handlinger i dette liv og i tidligere liv.

Som du sår, således høster du, nu eller i fremtiden. Det er ikke Gud, der straffer dig eller belønner dig. Du er din egen dommer. Du straffer dig selv gennem onde tanker og handlinger, eller befrier dig selv gennem gode. Den eneste måde hvorpå du kan undslippe karmaloven er ved at realisere selvet indeni.

Karma er loven om handling. Sind eller legeme i en specifik form for bevægelse betegnes 'handling'. Enhver mental eller fysisk handling, udført bevidst eller ubevidst, har en specifik virkning på menneskets liv. De gode og dårlige virkninger af handlinger i det nuværende liv forbliver i underbevidstheden, mens frø-virkningerne, overført fra tidligere tilværelser, er skjult i overbevidstheden. Frø-virkningerne af handlinger, gode eller dårlige, opbevares i underbevidstheden eller overbevidstheden indtil man har udviklet sig spirituelt til det punkt, hvor ens handlinger ikke længere identificeres med følelse eller personlig tilknytning. Idealet er ikke uvirksomhed eller slaphed, men snarere det at kunne erkende oplevelser uden ønske om egen vinding af handlingen. Handling er nødvendig for at leve på dette plan, men den bør udføres med uselviskhed, hvis man skal undgå at blive bundet af karmiske lænker.

Handlinger der, i dette liv, er udført af fri vilje og indsigt, kaldes fri handling, eller *Purushakar*. Handlinger, udført under indflydelse af vaner, der er opstået ved handlinger i tidligere liv kaldes *Samskar*. Handlinger, der falder ind under kategorien *Samskar,* er de handlinger i tidligere liv, der fremkommer som instinkter og vaner i dette liv. Også det ydre miljø; solsystemet, Jorden, nation, familie, naboskab, bøger, osv., har indflydelse på menneskets handlinger.

Den virkelige mening med handlefrihed er ikke at blive i stand til at gøre alt hvad vi ønsker. Vi bør forstå i hvilken grad vi er frie, og hvor meget vi er påvirket af dårlige vaner. At være god blot fordi det er blevet en vane at være god er ikke frihed. At blive fristet er ikke dårligt, men at være i stand til at modstå og overvinde fristelse er stort. Det er frihed, for vi handler kun af fri vilje og frit valg. At være god, ikke blot af vane, men fordi vi synes vi bør være gode, og fordi vi har viljekraften til at være gode; det er virkelig frihed.

Loven om handling

Loven om karma, eller handling, er videnskabelig, da den er rodfæstet i loven om årsag og virkning. Den har også en filosofisk, moralsk, og praktisk side. Karma er til for menneskets skyld, således at det, af den måde den fungerer på, kan lære at vende tilbage fra mangfoldighed til enhed. Overtrædelse af karmaloven forsinker mennesket i dets spirituelle evolution.

Vi bør kende den karmiske lov af følgende grunde: 1) For at blive befriet fra karmas greb ved at forstå den (kundskab er frihed). 2) For at blive i stand til at handle rigtigt, fri for ydre påvirkning og begær; og således blive i stand til bevidst og selvstændigt at skabe god karma, i overensstemmelse med god dømmekraft. 3) For at forstå de forskellige virkemidler, der kan anvendes til at begrænse virkningerne af dårlig karma; og således undgå eller minimere de resultater, der skyldes allerede begåede forseelser, og for at undgå fremtidige fejltagelser. Vi bliver draget til ansvar for de handlinger, der udspringer af vores medfødte bevægegrunde, selvom vi ikke husker deres oprindelse. Vi har selv skabt disse bevægegrunde ved handlinger i tidligere liv.

Alle mennesker udsættes for påvirkninger af forskellig slags: Fra omgivelserne (verden, nation, familie, etc.), fra bevægegrunde erhvervet i tidligere liv, fra arvelighed, fra fornuft eller overtro, og fra den uafhængige viljes indflydelse på handlingen. Vi bør reducere andelen af uønskede karmiske handlinger og forøge andelen af uafhængige gode handlinger. Individuelle såvel som kollektive handlinger skaber vibrationer i æteren, som påvirker verden i god eller dårlig retning.

Karma er ikke fatalisme

Loven om karma, eller handling, er ikke fatalisme. Virkningerne af alt hvad vi har gjort kan ændres. Mange mennesker forveksler karma med hvad de kalder skæbne. Virkningen af en handling, som en person er ansvarlig for, kommer måske først til ham/hende lang tid efter at handlingen er glemt. Da han/hun ikke er i stand til at forklare virkningen, fordi dens årsag er glemt, kommer han/hun til det resultat, at han/hun må være offer for skæbnen.

Idéen om skæbne udspringer af uvidenhed om den virkelige årsag, der er i gang med at skabe en bestemt begivenhed. Frø-virkningerne af vores handlinger spirer ikke altid straks, men forbliver skjulte, klar til at spire til livets tilsyneladende pludselige og uventede begivenheder. Så tror vi fejlagtigt, at de er forårsaget af en udefra kommende skæbne. Men der findes ikke en sådan kraft. Vore liv styres ikke af skæbne, men af vores tidligere handlinger.

Forskellige vaner kontrollerer vore forskellige liv. Alt hvad du er nu, og alt hvad der sker med dig nu, kommer fra fortiden. Intet styrer dig. Du er din egen skæbnes arkitekt. De, som opnåede rigdom, sundhed, lykke, visdom eller spiritualitet i tidligere liv, er født med særlige fordele ved begyndelsen af deres nuværende liv. Hvorfor lider en person da af sygdom? Fordi han/hun har overtrådt guddommelige love i dette eller i tidligere liv.

Den retfærdige lov

Den karmiske lov - det du høster i dette liv er hvad du såede i tidligere liv - er en retfærdig lov. Det er ikke Gud, der skaber nogle mennesker med sunde hjerner og andre med defekte sind, blot for afvekslingens skyld. Den karmiske lov forklarer den tilsyneladende uretfærdighed, der opstår lige fra det menneskelige livs fødsel. Den giver også håb til alle; for synderen er ikke synder på grund af, at vildfarne forældre gav ham/hende et forvrænget sind, men fordi han/hun skabte den hjerne i et tidligere liv, og derfor tiltrak og blev tiltrukket af syndige forældre i dette liv.

På den anden side kan en syndig person, der har udført formildende gode gerninger, få en inkarnation med gode forældre. Hvis han/hun reagerer på deres kærlighed og hjælp, kan han/hun så fortsætte med at blive en bedre person; eller, hvis indflydelsen fra tidligere dårlige vaner er for stærk, kan han/hun blive et 'sort får' i en ellers god familie.

Ofte bliver forældre uretfærdigt bebrejdet, eller de bebrejder sig selv unødvendigt, på grund af et barns psykiske eller fysiske svaghed. En læge vil sandsynligvis sige, at en psykisk patient, hvis far er uligevægtig, har arvet lidelsen fra faderen. En metafysiker vil sige, at han/hun naturligvis var blevet tiltrukket af en psykisk uligevægtig forældre i dette liv, men at hans/hendes sjæl bar tendensen til sindssyge som et resultat af forkerte handlinger i et tidligere liv. Forældrenes og barnets tidligere handlingsmønstre skabte en gensidig tiltrækning, som bragte dem sammen i dette liv, men hver især er ansvarlig for sin egen situation. Karmalæren giver tiltro til, at retfærdigheden og visdommen i Guds love virker i menneskets liv.

Hvis en person lever i hundrede år, har han/hun tid til at bruge sin Gudgivne fornuft og sit frie valg til at kæmpe mod ondt og blive god; men et barn, der dør i fem års alderen har ikke tid til at bruge sine kræfter på at vinde livets kamp. Det dør på grund af en tidligere overtrædelse, og vil blive født igen og igen i forskellige af livets skoler, indtil det har opdraget sig selv til at opføre sig ordentligt.

De forskellige grader af latent godt eller dårligt helbred, eller gode eller dårlige tilbøjeligheder, som mennesker kan have, kan kun forklares tilfredsstillende ved at se tilbage i optegnelserne over deres tidligere liv. Selv hundrede års syndigt levned berettiger ikke til evig straf. En røver, der slås ihjel, bliver dog ikke engel ved at dø. Personer, der lever et planløst liv, og alligevel forventer at blive engle når de dør, kommer til at vente længe i desillusioneret tilstand. Vi er de samme efter at have sovet som før søvnen; og er vi syndige eller retskafne nu, er vi det ligeledes efter døden.

Da milliarder af mennesker dør ufuldkomne, kan de ikke forblive i den behagelige astrale verden i al fremtid, men er nødt til at komme tilbage til Jorden for at genvinde deres tabte sjælefuldkommenhed. Ligesom solen forbigående kan gemme sig bag en sky, kan vi kun forblive skjult i synd en kort stund; men ikke for bestandig. Så selv om vi vil blive forløst engang, bør vi ikke blot afvente at det sker. Det vil være tåbeligt, for synd giver meget smertelige resultater, og vi bør ikke lade sjælen lide i evighed på grund af manglende vilje til at overvinde uvidenhed.

Vi høster hvad vi sår. Derfor skyldes sygdomme ikke arvelige forhold overført fra vores forældre i dette liv, og heller ikke fra vores bedsteforældre. Vores ulykker skyldes vores synder i dette eller tidligere liv. Vi er dog aldrig syndige nok til at fortjene evig fordømmelse. Synd er en parasit. I vores inderste væsen er vi fuldkomne sjæle.

Sjæle kommer til Jorden for at udtømme synder. Når de er overvundet, bliver sjælene frigjorte, og kan igen forene sig med Gud. Sjæle, der genopretter deres fuldkommenhed, behøver aldrig at komme tilbage til Jorden igen. Alle virkninger fra vores tidligere handlinger (karma) kan tilintetgøres ved at brænde dem i koncentrationens, meditationens, overbevidsthedens, og de rigtige handlingers ild, fri for begær efter handlingens frugt.

Karma i relation til fremgang og helbred

Tidligere livs indflydelse på succes eller fiasko

Succes i dette liv afhænger af forholdet mellem fortidige succes-tendenser og nuværende fornuftige viljemæssige bestræbelser på at opnå succes. Hvis tendenserne mod succes i et tidligere liv var svage, og bestræbelserne på at opnå succes i dette liv er svage, så vil succesen i dette liv blive ringe, nærmest ubetydelig.

Men hvis succes-tendensen i et tidligere liv var stærk, og det nuværende liv er kendetegnet ved inaktivitet og slaphed, kan vi opnå succes, men kun ad indirekte vej, såsom at blive født i en rig familie, eller ved pludselig at arve en formue. Personer, som blev trætte af at samle på rigdomme i et tidligere liv, kan blive genfødt i fattigdom på grund af afsky for penge, udviklet før døden. De skal måske kæmpe, men sædvanligvis kommer de igen til store penge ved et såkaldt 'held', eller ved en pludselig arv eller heldige investeringer.

Ingen kan udelukkende være enten en finansiel succes eller en fiasko i alle liv, for menneskelig bevidsthed forandres ved dens egen svaghed eller styrke, eller gen-nem forandringers indflydelse på miljøet. Virkelig finansiel succes i alle liv, indtil emancipation befrier os fra sådanne overvejelser, består i evnen til at tilintetgøre alle synlige tendenser til fiasko ved hjælp af superkoncentration.

En yogi besidder måske ikke mange materielle fornødenheder, men gennem hans evne til at fokusere sit sind, lærer han viljemæssigt at skabe, hvad han har behov for. Avancerede yogier har selvfølgelig ingen personlige begær. De lever kun for at Guds kærlighed for evigt kan herske over deres sjæles helligdom, og for at den Himmelske Far kan hjælpe dem med at vække hans kærlighed i andres hjerter.

Fremgangens og modgangens frø

Blind selviskhed er årsagen til ubalance i fremgangs-vibrationen. Rige mennesker, der har bekæmpet fiasko og opnået succes, men som senere bliver selviske, og ignorerer smerterne hos andre, som mislykkedes, kan miste deres rigdom ved forkerte investeringer, eller kan tiltrække fattigdom i det næste liv.

En person, der ikke har fremgang, kan føle at han/hun må have været en fiasko i mange liv. Men selvom det forholder sig sådan, bør han/hun huske, at han/hun har succes-tendenserne fra andre fortidige liv begravet et eller andet sted i sit underbevidste sind, som, hvis de vækkes, kan hjælpe ham/hende. Den kroniske fiasko bør huske, at han/hun har en almægtig, alt-besejrende vilje, der blot kan være blevet for doven, og ligge sovende på grund af fiasko og mangel på initiativ, til at gøre uforfærdede, gentagne bestræbelser på at lykkes. Derfor bør den kroniske fiasko ikke spilde tiden med at forsømme sin vilje, så den bliver lammet, men i stedet vække viljestyrken ved gentagne, fornuftige bestræbelsers initiativ. Ved de gentagne bestræbelser og påvirkning af sin vilje-styrke, vil han/hun til sidst vække de sovende succes-tendenser i underbevidstheden.

De fleste mennesker påbegynder en karriere eller profession uden at tage hensyn til fortidige karmiske vaners indflydelse. Det er derfor fødte kunstnere, uden speciel uddannelse og erfaring, ofte mislykkes når de forsøger sig i rollen som forretningsfolk. Det er også derfor, at den fødte spirituelle mand normalt ikke lykkes som forretningsmand. Et menneske kan ikke være en absolut fiasko, medmindre det hypnotiserer sig selv til at tænke sådan. Et menneske er kun en absolut fiasko, når hverken dets egen eller andres dømmekraft kan overbevise det om, at det kan blive en succes.

Helbreds-typer klassificeret og forklaret

Der er forskellige sundhedsniveauer, ligesom der er forskellige sygdomsniveauer og mange slags sygdomme til at frembringe dem. Nogle mennesker er så sunde og skinnende, at de synes at være uimodtagelige for enhver sygdom. Lad os kalde dem 'gennem-sund' typen. Nogle er sunde det meste af tiden, men når de bliver syge, er de meget syge. Det er 'født-sund' typen. Nogle er sunde men svage. Det er den 'middel-sunde' type. Der er andre, hvis helbred er som et fint ur, der går godt når det passes ordentligt, men går uregelmæssigt ved den mindste forsømmelse. Dem kan vi kalde den 'mekaniske' type. Nogle mennesker bliver ved med at leve til trods for hyppige sygdomsangreb, og kun lejlighedsvise helbreds-perioder. Dem kalder vi den 'sejlivede' type. Lad os efterspore hver af disse typers fortidige karma, deres fortidige vaner, og deres nuværende resultater:

'Gennem-sund' typen er født af mange livs akkumulerede gode sundhedsvaner (indbefattet den sidste inkarnation) samt naturlige sundhedsvaner og regelmæssig motion i dette liv. Denne persontype har sandsynligvis været yogi i mange liv, og kan tilintetgøre alle tidligere frø fra dårligt helbred hvis han/hun, i dette liv, praktiserer yoga principper (videnskabelig forening af legeme, sind, og sjæl med Gud ved hjælp af meditationens og disciplinens videnskabelige psykologiske metoder). Hvis han/-hun blot koncentrerer sig om fysisk motion og rigtig kost, men ikke praktiserer spirituelle yoga principper, kan han/-hun bibeholde sit helbred, men løber en risiko for at miste det sent i livet. Den person, der omhyggeligt praktiserer yogisk koncentration overvinder små helbreds-overtrædelser og de akkumulerede frø-tendenser fra usunde vaner erhvervet i dette liv. En aspirant til 'gennem-sund' typen kan ikke blot stole på fortidige helbredstendenser og fysisk motion i dette liv. Han/hun må også blive ved med at brænde de akkumulerede frø fra usunde handlinger i dette liv væk, uanset hvor små de måtte være.

'Født-sund' typen lever på sit akkumulerede fortidige helbreds frø-tendenser, samt gode sundhedsvaner og motion, men udfører ingen yoga- øvelser. Han/hun bliver syg når lageret af erhvervet helbred er opbrugt, og de små ubrændte frø-tendenser fra helbreds-overtrædelser i dette liv vokser sig stærke.

'Middel-sund' typen er tilstanden hos dem hvis fortidige helbreds frø-tendenser udelukkende blev erhvervet ved viljestyrke, og ikke ved sindets kraft og fysisk motion. Det er derfor denne type er født sund, men svag. Fysisk motion i dette liv vil fjerne denne svaghed.

Den 'mekaniske' helbredstype er resultatet af fortidig lydighed mod sundhedslove på grund af frygt og nervøs forsigtighed. Det er derfor denne type kun bevarer helbredet så længe han/hun følger reglerne. For megen afhængighed af fysiske love og ikke nok af Gud, samt mangel på selvtillid gør, at man bliver 'helbreds-lovbundet'. Bliv derfor ikke en slave af lov, men brug loven til at tjene dig.

Den 'sejlivede' type fødes når sygdoms- og sundheds-tendenser har lige stor styrke. Det er derfor denne type skiftevis er rask og syg. Hvis man har stor hengivenhed og er lydig overfor Guds love, vil man have større chance for at bevare et godt helbred, end hvis man har stor hengivenhed, men til stadighed bryder Guds hygiejniske, mentale, og spirituelle love.

Frøene fra sygdom og fiasko kan tilintetgøres

Kronisk sygdoms spirede frø og andre skjulte sygdoms-frø kan modvirkes eller tilintetgøres ved at praktisere en række øvelser til genopladning af krops-batteriet. Disse øvelser udføres med dyb koncentration, og efterfølges af koncentrations-teknik og meditation. Når øvelserne udføres, skal bevidstheden om sundhed, energi, og styrke være fremherskende. Når denne styrke føles i hele kroppen som en uophørlig indstrømmen af vitalitet, sluttes den vitale stråle til hjernen, og holdes der i lang tid. På denne måde vil den vitale kraft brænde skjulte sygdoms frø-tendenser fra fortiden væk.

Under meditation vil yogien føle koncentrationsstyrken imellem øjenbrynene, og fred i hele kroppen. Når som helst han/hun specielt ønsker at befri hjernecellerne fra fortidige sygdoms-frø, kan han/hun slutte den strålelignende fred og koncentrationsstyrke til hjernen. Freden, der oprindelig føltes i hele kroppen, og koncentrationsstyrken imellem øjenbrynene, skal uafbrudt overføres til og føles i hjernen.

Den samme metode kan bruges til at brænde frø fra fiasko. God skæbne er afhængig af loven om fortidige vellykkede handlinger, samt fortsatte vellykkede aktiviteter i dette liv. Et menneske, der stræber efter varig succes, bør meditere hver morgen og aften. Når den overbevidste fred og koncentrations stråler bryder frem, vendes disse stråler mod hjernen, for at brænde fortidige fiaskoers skjulte frø væk og stimulere succes-tendenser. Det virkelig sunde og fremgangsrige menneske kan fjerne fortidige tendenser til fiasko og dårligt helbred med sin viljestyrke, samt fjerne tendenser til fiasko og dårligt helbred, som måtte være kommet ind i hjernecellerne på grund af mindre forsømmelser i dette liv.

Undgå virkningerne af dårlig karma

Den bedste måde til at undgå en specifik handlings virkninger, er at overvinde dens virkninger i dette liv. I modsat fald vil den blive overført til det næste liv. Det er nu vi bør fjerne de uønskede resultater, vi har forårsaget. Til at hjælpe os i kampen mod dårlig karma, har vi de gode kræfter fra alle vores liv, samt Gud, og evig kontakt med ham. Vores uønskede karma kan ikke tilintetgøres uden kontakt med Gud. Når vi indser, at vi og vores Far er én, vil vi være i stand til at bringe visdommens lys ind, og uddrive mørket fra uønskede fortidige handlinger.

Kampen mellem det endelige og det Uendelige

Åndens natur

Ånd er evig-eksisterende, evig-bevidst, evig-ny glæde. Fra det menneskelige synspunkt om tid var, er, og vil han altid være glæde. I Ånd er der ingen fortidig eller fremtidig tid, kun den nuværende, fordi Åndens bevidsthed, i modsætning til menneskets, ikke afbrydes af død og glemsel. Ånden er evig bevidst. Guddommelig overbevidsthed ophører aldrig med at fungere aktivt, som menneskets bevidsthed gør i søvn. Ånden har ikke nogen vekslende vågenbevidsthed og underbevidsthed ligesom mennesket, men har evig, glædelig, virksom og uvirksom vågenhed, forenet indeni sig selv.

Ånden har altid eksisteret som ekstatisk lyksalighed. Men der var ikke nogen til at nyde hans lyksalige Væren, så han opdelte sig selv i tre aspekter: Den der ved, det at vide, og det der vides om; nyderen, processen at nyde, og det der nydes. Denne treenige opdeling blev udført ved hjælp af loven om relativitet, eller det kosmiske blændværk. Ånden, der er én og udelelig, måtte forsætligt og villigt forestille sig selv som værende mange. Ånden er selvstændig og sig selv nok. Alt hvad der udvikler sig fra ham har hans egenskaber af selvstændighed og selvtilstrækkelighed.

Åndens tilsyneladende ønske om at skabe sig selv som mange, var ikke noget rigtigt ønske, fordi dets opfyldelse ikke var nødvendig for ham. Hvis skabelse var en nødvendighed for Ånden, ville han være ufuldkommen. Ved at opdele sig selv som den der ved, det at vide, og det der vides om, ønskede han blot at vurdere sin egen almægtige lyksaligheds-bevidsthed gennem sig selv som mange individuelle bevidstheder. De mange skulle opdage den lyksalighed ved individuel, selvstændig indsats. Ånden opdelte kun sig selv på denne måde for kosmisk underholdnings skyld.

Ånden som kender, kendende, og kendt

Ånden har én bevidsthed - lyksalighedens. Men som individuelle sjæle, indfattet i legemer, ser Ånd faste stoffer, væsker, gasser, energi, følelser, og tanker som relativt forskellige ting. Dette er en illusion, for faste stoffer, væsker, gasser, og følelser er ikke andet end forskellige former for bevidsthed. De kan alle kopieres og erkendes i en drøm. Åndens imaginære evne til at drømme er uendelig. Alt hvad der kommer fra Ånden, har Åndens væsentlige egenskaber, hvorfor kosmisk blændværk er Åndens bevidste forestilling om at få sig selv til at se endelig ud, selvom han i virkeligheden er uendelig. Dette begærløse begær, denne uendelige kosmiske drøm om endelighed påvirker ikke Ånden, men den påvirker alle individualiserede ånder, eller sjæle, som er udgået fra ham. For Ånden er det, der for os forekommer som død, ikke andet end ét aspekt af den evige kosmiske leg.

Den bevidste bedrageriske kraft, der får det Uendelige til at se endelig ud, fik selvstændighed til bestandig at fortsætte med at omdanne det Uendelige til det endelige. Imidlertid var den bevidste bedrageriske kraft ikke i stand til at holde de skabninger, Gud havde skabt, i endelig form, og forsøgte da at få de forskellige arter til at fortsætte uafbrudt ved loven om seksuel forplantning. Herved opstod fejl, som alle ting og væsener kom til at lide under. I stedet for at opfatte dem selv som levende bølger på livets kosmiske ocean, uforanderlige og udødelige, blev de, ved loven om kosmisk blændværk, bragt til at tro, at de var isolerede, adskilt fra den kosmiske livsdrøm, og havde begyndelse og slutning. De individuelle sjæle blev også bedraget til at føle sig knyttet til deres forbigående tilstande af eksistens. En sådan tilknytning skyldes uvidenhed, det onde, der er den virkelige årsag til al lidelse, hvorfor lidelse, der skyldes uvidenhed om tilknytning, også er et onde.

Satans hypnotiske fortryllelse, eller blændværk

For at skabe det endelige kosmos anvendte Gud en modsatrettet frastødningskraft. Dualiteter så som varmt og koldt, og mangfoldige endelige væsener og objekter skabte han ved at udsende vibrationskræfter indefra sin egen Væren. Den idémæssige vibrationskraft, der udsprang fra det Uendelige, materialiserede sig først til kosmisk energi, som derefter materialiseredes til stof for at skabe det endelige univers. Oprindelig hvilede den universelle kreative kraft, eller var uvirksom, i Åndens skød. Men ved at blive udstødt, dvs. projiceret fra Ånd, fungerede den som en bevidst selvstændig kraft, der var i stand til at skabe bedrageriske endelige dualiteter, i modsætning til den ene universelle Ånds enkle forbillede. Da Gud er bevidst, er den kreative kraft der udgik fra ham også bevidst.

Den kreative kraft, der udgik fra Ånden for at forme universet, er i den kristne litteratur omtalt som Satan. Det siges at Satan 'faldt fra himlen', dvs. at den sataniske kraft, eller universelle energi, blev udstødt, ligesom udgående lyn, fra den Kosmiske Ånds skød. Det kosmiske blændværk, et aspekt af Helligånden, er ophav til alle endelige væsener og objekter, og er i denne betydning skaberen af ondt – bedraget om endelighed og dødelighed, som holder endelige skabninger uvidende om deres oprindelige enhed med Gud.

I Hindu-skrifterne er Satan beskrevet upersonligt som *Maya,* eller illusion. Ved at projicere skabelse siges Gud at have givet al magt over universet til *Maya.* Satan, eller *Maya*, siges at være 'uafhængig' i den betydning at Gud selv ikke kan forbindes med eller reflekteres i noget som helst begrænset, dødeligt, skabt, eller udsat for vækst og forfald. Sådanne ting er i modsætning til Guds natur. Alt hvad der er endeligt er i modsætning til Gud den Uendelige.

I stedet for at iagttage, de overfladiske og formelle forandringer de gennemgår, med det Uendeliges altseende øjne, ser endelige væsener disse overgangstilstande gennem det kosmisk blændværks bedrageriske øjne. Hvis alle endelige objekter virkede i harmoni med det Uendelige, ville de ikke opleve frygt, sygdom, eller død på den almindelige dødelige måde, men kun som illusioner, der bliver bibragt dem, som under en hypnotisk trance. En udenforstående kan ikke få en person under hypnose til at tro, at han/hun ikke ser eller føler noget, der er blevet suggereret at han/hun skal se eller føle. Således ved personer under Satans hypnotiske fortryllelse, eller blændværk, ikke at alt ondt – krige, sygdom, uharmoni – blot er illusioner skabt ved kosmisk bedrag og den vildledende forestilling skabt af det bedrag.

Hvorfor er der jordskælv og pludselige ulykker? Hvorfor hjemsøger pludselig hungersnød og epidemier mennesket? Hvorfor ligger ødelæggende kræfter side om side med de harmoniske inddelinger af sæsoner, nat og dag, solskin og frisk luft, sundhed, menneskelig fornuft? Hvis Gud er godhed, eller harmoni, og alt er skabt af ham, så må vi stille spørgsmålet: "Hvordan kan uharmoni, lidelse, eller ondt eksistere"? Mennesket skabte bestemt ikke alt ondt.

Uorganiske materialer i bestandig forandring

Det bevidste kosmiske blændværk, eller Åndens begærløse begær, der af det Uendelige er bemyndiget til uafhængigt at skabe endelige objekter, gennem dets guddommeligt overdragne fantasi, begyndte at trække alt bort fra det Uendelige. På denne måde udvikledes loven om frastødning, og gennem denne arternes formeringsproces ved celledeling og seksuel skabelse, for at holde alt som små individuelle enheder, der vibrerede udadtil, bort fra det Uendelige. Loven om seksuel skabelse i mennesket og ved enhver form for fysisk reproduktion er det kosmiske blændværks bestræbelse på at bevare det uharmoniske endelighedsrige. Ved at friste alle skabninger til at forblive på den seksuelle skabelses plan, modvirker det bevidste kosmiske blændværk den guddommelige lov om evolution gennem reinkarnation, ved hvilken sjæle udvikles til højere og højere former, indtil de vender tilbage til Ånd.

Til trods for at det kosmiske blændværks kraft påvirker alt til at forblive i endelig form, kalder den Uendelige kraft til stadighed alt tilbage for at lade det indgå i ham ved loven om evolution og reinkarnation. Livet og bevidstheden i alle uorganiske materialer udvikler sig bestandig til højere former: Fra jord til mineraler, fra mineraler til planter, fra planter til dyr, fra dyr til overdyr, eller menneske, og fra menneske til overmenneske, eller det Gud-realiserede menneske. Så til trods for jordiske forandringer, såsom dårligt vejr, sæsoner der er vendt om på, naturkatastrofer, sygdom, og umoralskhed; alle uvidenhedsskabt af kosmisk blændværk og menneskets intelligens, der fungerer under dets indflydelse, prøver den guddommelige lov om evolution og reinkarnation til stadighed at omdanne uorganisk og organisk materiale til Kosmisk Bevidsthed.

Den bestandige kamp mellem kosmisk blændværk og Guds andre kræfter mærkes overalt i menneskers liv og i alle ting. Gennem dens vildledte uafhængighed prøver naturen, eller kosmisk blændværk, at skjule Gud og forherlige sig selv. Den frembringer skadelige bakterier, der forårsager sygdomme i mennesket, og andre prøvelser.

Guds kraft prøver bestandig at frigøre endeligt påvirkede sjæle til uendelig frihed, gennem loven om naturlig død eller forandring (modsat pludselig, for tidlig forandring eller for tidlig død). Begæret om selvforsvar og grusomhederne skabt af dette begær og begæret om at såre og dræbe for at spise, blev bibragt mennesket ved loven om kosmisk blændværk, der brød væk fra Guds uendelige, kloge og elskelige natur for at blive endelig, urimelig, og ond.

Stol på Gud – ikke på kemikalier

Vi blev skabt i Guds billede, men kosmisk blændværk benyttede sig af den uafhængighed Gud gav til mennesket og til alle ting. At tro at sygdom, lidelse, og død er evigt virkelige, i stedet for kun at anerkende dem som drømme-realiteter, der skyldes uvidenhed eller fantasi under en kosmisk drøm, er at forstærke det kosmiske blændværks kraft.

Når vi er vakt, er vores forestilling om dødsoplevelsen og sygdom forskellig fra den bedrageriske forestilling om sygdom og død, som får disse oplevelser til at synes virkelige for os, og som er bibragt af den kosmiske bedrageriske kraft inden i os. En drømmende mand, der støder sit drømmehoved mod en drømmevæg, tror at han er skadet, men så snart han vågner op, ved han at det blot var en drøm. Hvis en mand sidder stille og forestiller sig, at han støder sit hoved mod en væg, kan det heller ikke skade ham. Men hvis en mand blot tænker, at hans hoved er et drømmehoved, og støder det mod en væg, så får han ondt i hovedet, og måske kraniebrud. Kun den, der ser Ånd, kan se, at hverken hovedet eller væggen er virkelige. Død og sygdom er virkelige for den, der er under indflydelse af den bedrageriske kosmiske drøms suggestioner. Stof kan kun erkendes som blændværk, eller 'frossen' Kosmisk Bevidsthed når vores bevidsthed og Kosmisk Bevidsthed er blevet én.

At stole for meget på medicin og andre materielle metoder til helbredelse af legemets sygdomme, fører til den dårlige vane udelukkende at stole på begrænset hjælp, i stedet for at gøre brug af den Kosmiske Bevidstheds ubegrænsede helbredende kraft. Føde og kemikalier er kun indirekte til gavn for legemet. Guddommelig kraft hjælper legemet både direkte og indirekte ved at bevirke at føde og kemikalier udnyttes til gavn for legemet. Vi bør stole mere på Gud og hans direkte hjælp, og ikke tåbeligt fæste lid til kemikalier.

Neutraliser tilknytningen til kroppen

For at hjælpe sandheden til at vinde dette tovtrækkeri mellem kosmisk blændværk og loven om evolution og reinkarnation, kan vi meditere på lovene om rigtig tanke og rigtig handling, der forstærker progressiv evolution. Vi bør blot betragte de skiftende før- og efterfødselstilstande som sjælens forskellige oplevelser. Sygdomme bør betragtes som et resultat af brudte love om fysisk, mental, og spirituel harmoni, som har skabt forstyrrelser i kroppen og i sjælens fred. Sygdom bør betragtes som et faresignal, ikke som en straf. Da sygdomme er et resultat af ens egne uvidende, forkerte handlinger, bør disse bedrageriske årsager udryddes ved rigtig anvendelse af materielle og spirituelle love.

Sjælen kan ikke påvirkes af sygdom. Ligesom et bedøvet menneske er uvidende om hvad der sker med dets krop, således kan mennesket, ved disciplinering af sanserne, neutralisere sin bevidstheds tilknytning til kroppen. Så kan det, ved dets egen viljes befaling, forblive fuldt bevidst, men upåvirket af såvel smertelige som behagelige følelser. Mennesket bør betragte legemet ud fra et upersonligt synspunkt.

Legemet er sindets nærmeste 'ven og pårørende'. Det lider kun gennem identificering, tankeforbindelsens nærhed, og indbildning, og ikke af nogen som helst anden årsag. Udryd derfor mental følsomhed. Vi bør blive i stand til at tale om alle oplevelser som drømmeoplevelser, kun virkelige for den der drømmer dybt, men uvirkelige for den der er vågnet i visdom.

At sige til en dødelige drømmer, at sygdom og død ikke eksisterer, er dog at forvirre og bedrage ham/hende. Man må først vise ham/hende hvordan man kan vågne i Gud gennem meditation. Så vil han/hun erfare, at han/hun blot drømte sygdom og død.

Vi kan vælge frit

Vi påvirkes af såvel gode som onde kræfter. Lyt derfor først til Guds stemme. Sig aldrig: "Jeg bliver nødt til at gøre det. Jeg kan ikke gøre for det". Husk at du kan vælge frit. Det er bedrag at tro, at du kan lide at gøre ondt. Ingen ønsker at skade sig selv. Du elsker dig selv mere end du holder af nogen som helst anden. Du vil ofre på dig selv hvad du ikke vil ofre på andre. Det er derfor du bør gøre hvad der er til virkelig, varig fordel for dig selv. Du bør ikke udføre nogen handling, der bringer dig sorg. Loven om handling giver os frit valg. Vi behøver ikke at lade os påvirke af ondt. Forkerte handlinger efterlader spor i vores bevidsthed, som til sidst må fjernes.

Selvom der er både godt og ondt i verden, er det frie valg menneskets frelse. Dyr kan ikke vælge frit. De kender hverken til godt eller ondt. Dyr er under udvikling til højere former. De har nogen intelligens, men klarer sig hovedsagelig ved instinkt. Men mennesket er helt enestående begavet med evnen til at kunne vælge frit. Intet kan påvirke det medmindre det vælger at acceptere det. Medmindre du drikker gift, vil du ikke dø af forgiftning. Medmindre du dyrker had, vil du ikke føle andres had. Medmindre du er jaloux, vil du ikke modtage jalousiens karmiske virkning.

Vi høster hvad vi sår

Vore handlinger vil få enten gode eller onde konsekvenser. Både retskaffenhed og slethed blomstrer i aktivitet. Men cyklussen begynder ikke med handling. Tanken er langt vigtigere end handling, fordi det er den kraft, der tilskynder til handling. Akkurat ligesom idémæssig skabelse gik forud for materiel skabelse, således går tanke forud for handling. Onde eller negative tanker frister til at udføre handlinger, som vil blive fortrudt, hvorimod positive, opløftende tanker fører til en forbedring af ens handlinger og deres resultater.

Ifølge vestlig etik, anses man ikke for at være ond, medmindre ens handlinger er onde, og man anses ikke for at være retskaffen, medmindre ens handlinger er retskafne, men i Indien anses det for ondt at have onde tanker og følelser. Ifølge loven om handling, eller karma, høster vi hvad vi sår. Før vi handler, har vi frihed, men efter handlingen vil virkningen af handlingen følge os, hvad enten vi ønsker det eller ej. Hvis vi læser en bog, der stimulerer forkerte tilbøjeligheder, til trods for den kendsgerning at vi ved, at det ikke er godt for os, så vil vi ikke desto mindre høste resultaterne af at læse den bog. Det står os altså frit at vælge, men hvis vi udfører en bestemt handling, vil vi høste resultaterne af den handling.

Hvis du ikke ønsker at forløse dig selv, kan ingen forløse dig. Hvis du vælger at leve aldeles på det materielle plan, vil du blive materiel, ikke spirituel. Du har frihed til at vælge, så spark det onde væk fra dig. Hver gang noget plager dig, så mediter. Så vil du en dag kunne sige: "Jeg er fri". Vejen til frihed går gennem at tjene andre. Vejen til lykke går gennem meditation og at være i harmoni med Gud. Lad dit hjerte banke med kærlighed til andre, lad dit sind føle andres behov, og lad din intuition føle andres tanker. Bryd dit egos barrierer, bandlys selviskhed, befri dig selv fra bevidstheden om kroppen, glem dig selv, ødelæg dette inkarnationernes fængsel, lad dit hjerte smelte ind i alt, og bliv ét med al skabelse.

Hvordan fristelse undgås og besejres

Hvis vi er overbeviste om, at fristelse er skadelig, fordi den lover lykke og giver sorg, så kan bedrag ikke beherske os. Fristelse er tillokkende, og appellerer fordi alle vores sanser er udadrettede. Fra hjernen flyder der en strøm ind i øjnene, ørerne, ja ind i alle sanseorganerne, og gennem dem udad for at opfatte og opnå kontakt med det fysiske univers. Vi kan lide alt hvad der får vores sanseopfattelse til at flyde udad.

Ondt, eller endelig fristelse, frister kun fordi vi ikke har noget sammenligningsgrundlag. Når vi tillader fristelse at overvælde os, er vores visdom fanget. Den hurtigste måde at bortjage fristelse på er først at sige 'nej' og komme væk fra det fristende miljø, og så senere overveje situationen, når ro og visdom igen indfinder sig. Den bedste måde til at undgå at blive fristet, er at gå sådan op i Guds lyksalighed, at al anden lykke vil være underordnet i forhold til denne ophøjede tilstand.

Hvorfor skulle vi lade ondt ødelægge os, blot for et øjebliks falsk lykke? Hold din viljestyrke fri af dårlige vaners indflydelse, og erstat dårlige vaner med gode. Når du har en overflod af gode vaner, vil du være fri og i stand til at bekæmpe det onde. Men tving aldrig dig selv til at være god. Vær oprigtig overfor dig selv. Brug fornuft og frit valg til at blive god. Det samme gælder overfor børn. Hvis man påtvinger et barn at være god, vil det, ved den første chance det får, være det stik modsatte. Et barn skal gøres forståeligt hvorfor noget er forkert, og bør ikke påtvinges andres vilje.

Loven om årsag og virkning

At benægte det ondes eksistens er selvbedrag, men når man vedkender sig loven om årsag og virkning, er der ikke nogen chance for at falde for den vildfarelse. Alle vores synder og fejl er kun et midlertidigt dække over den rene sjæl. Gud skabte os som lys. Mørke kan ikke eksistere i os. Problemet er, at vi tildækker sjælens lys. Vi er Guds børn. Derfor er det strengt taget ikke rigtigt at sige, at vi er syndere.

I dette liv er vi undertiden ofre for sygdom og bekymring, men vi indser ikke, at vi selv er årsag hertil som følge af forkerte handlinger, som vi tidligere, et eller andet sted, har gjort os skyldige i. Vi har selv skylden for alt hvad der sker med os, men vær bare rolig. Vi kan selv råde bod på det ved at gøre gode gerninger nu, og ved at brænde karma-frøene fra tidligere onde gerninger i meditationens åndelige ild.

Det er forkert at blive træt af livet, og at ligge under for fristelser. Når vi mediterer, vil vi se hvad livet virkelig er. Gud vil aldrig kede os. Intet i denne verden, bortset fra Gud, vil give tilstrækkelig glæde til at tilfredsstille os. Når vi har Gud, vil vi finde ham fyldestgørende. Den kærlighed vi uvidende søger i lidenskab, vil vi finde i Gud. Den varige fred, styrke, og fremgang vi søger i verden, vil vi finde i Gud, der kan tilfredsstille os, som intet andet kan.

Værdien af godt selskab

Nogle mennesker vander blot den gode opførsels frø med en lille smule praksis, og så dør frøene. Andre vander frøene med større omhu, men sætter ikke et beskyttende hegn omkring dem, så de bliver også hurtigt ødelagt. Derfor er det vigtigt at sætte hegn omkring dem, og godt selskab er sådan et hegn. De mennesker vi omgås udgør en vigtig del af vores miljø, og miljøet har en meget stærk indflydelse på os. Miljø er stærkere end viljestyrke, så vi bør vælge vores venner med omhu. Godt selskab stimulerer vores handlinger og tanker i den rigtige retning, så vores gode handlinger og gode tanker vil spire som frø. Når de er blevet tilstrækkeligt mange, vil der ikke være plads i vores miljø til at onde frø kan spire, og så vil de dø ud.

Vi kan ikke gøre alle tilfredse, men vi bør prøve at tilfredsstille andre efter bedste evne. Vigtigst af alt er at behage Gud. Det er bedre end at behage alle andre. Frygt ingen, men husk at du bor i et glashus, og at alle iagttager dig. Prøv at forbedre dig. Hvis du kritiseres, så prøv at se dine fejl, og bliv et bedre menneske. Lad dig ikke påvirke af ros, og tillad ikke dig selv at blive smigret, og heller ikke at smigre andre. Hvis kærlighed og venlighed ikke kan fastholde dem, vil smiger ikke have nogen virkning. Smiger er gift for sjælen. Vores samvittighed er Guds hvisken. Hvis vi lytter til den, vil vi blive frelst fra ondt og dets virkninger. Vær stolt af at være Guds barn. Det er bedre at få Guds hæder end menneskers hæder.

Livets mysterium

Udviklingens lov

Tænk hvilket mysterium livet er! Det dukker op fra det ukendte, og opløses igen i det ukendte. Og tænk hvilket mysterium døden er! Den opsluger såvel den hårdtarbejdende som den dovne, de gode som de dårlige, og får deres legemer til at vende tilbage til æteren og elementerne. Tænk hvordan alle frygter døden, og dog kommer den blot for at give fred og lindring når livets byrde er blevet for tung af sorg, dårligt helbred, eller tilsyneladende uhelbredelig sygdom. Hvorfor beruse sig i materielt begær? Din nuværende materielle aktivitet er en slags søvngængeri. Du fungerer i en drøm af blændværk under uvidenhedens dødlignende søvn. Hvordan kan du være så sikker på dig selv? Hvorfor bruge al din tid på at opbygge en materiel formue, som du må efterlade så snart døden kalder? Hvorfor ikke allerede nu forberede dig på den sidste dag på Jorden, hvor du er nødt til at efterlade alle de ting, du er så knyttet til?

Det betyder ikke, at du ikke kan nyde gode ting i dette liv. Men bliv ikke så knyttet til noget, at du vil føle mental smerte når du tvinges til at skille dig fra det. Hvis du ikke sørger over jordiske ting når dit kropslige klædningsstykke afkastes, vil du derefter opnå bedre ting. Fra din Far, Gud, vil du modtage alle de ting du har tabt og skattet højt. Han tager ting fra dig, så du ikke forbliver jordbundet og glemmer din udødelighed.

For hundrede år siden vidste vi ikke, at den musik, der kan høres i en radio, allerede fandtes i æteren. Noget tilsvarende gælder for fjernsynet. Princippet har altid været der. Ligeledes er der billeder i æteren. Når du er død, vil dit billede være i æteren; din sjæl vil ikke være død, dine vaner og tanker vil ikke være døde.

Efter døden fortsætter vi med at udvikle os, akkurat som i dette liv. Vi kan enten forbedre os eller blive værre. Gud har givet os intelligens, og vi har frihed til at bruge den som vi ønsker. Når du vågner op efter at have sovet, begynder du blot igen hvor du slap. Der sker ikke større ændringer i dig i nattens løb. Tilsvarende bliver du ikke nogen engel blot i kraft af døden. Du må være engel nu for også at kunne blive det senere.

Vi har lært meget, men lever stadig som kyllingen indfattet i en æggeskal. Vi ved ikke hvad der er på den anden side. Ligesom kyllingen udruges af skallen, således kan vi, med den rigtige fremgangsmåde, udruge os selv af denne fysiske skal, og se ind i rummets kugle. Da vil vi vide, at rummet vrimler med andre levende væsener.

Se frem i tiden

Om hundrede år vil alle de milliarder af mennesker, der lever i dag, kun eksistere som tanker. En dag vil vi alle være begravet under græsset eller være kastet i krematoriets flammer. Vi, der nu er så sikre på vores morgenmad, frokost og aftensmad, vil ikke være i stand til at synke eller tale. Vores læber vil være lukkede for altid. Vi, der elsker at lytte til lyde fra bækken og brisen, til musikkens søde melodi, og til vore kæres kendte stemmer, vil en dag være fraværende, vores ører lukkede, for aldrig mere at høre nogen lyd fra denne Jord.

Den dag vil komme, da vi ikke kan se, da vi ikke kan bevæge vores hænder og fødder, da vi ikke har nogen lugtesans, da vores hud ikke føler berøringen af kostbart tøj, og da vi hverken vil have gode eller dårlige tanker, hverken succes eller fiasko, hverken frygt eller tapperhed, hverken liv eller død, hverken visdom eller uvidenhed, hverken ophidselse eller fred. Da dette vil ske, hvorfor da opbygge dårlige vaner og en overbevisning om permanent bekvemmelighed omkring dette forgængelige legeme?

Glem vildfarelserne

Reinkarnation er en kendsgerning, som vi ikke har grund til at betvivle. Men er du klar over, at du aldrig vil få det samme legeme, det samme udseende, det samme sind, de samme venner, det samme levested, og aldrig vil komme til at le og dø, på nøjagtig samme måde, som du vil opleve det i dette liv? I nogle år skal du spille én rolle om sorg og latter på tidens skærm. Så vil denne bestemte film om livet blive henlagt for aldrig at blive spillet igen på samme måde, men fornyet og spillet på en anden inkarnations skærm. Hvorfor græde over at det værdiløse kødelige klædningsstykke skal afkastes, for at sjælen kan påtage sig udødelighedens strålende dragt?

Hvorfor frygte døden når både store udødeligheds-erklærende helgener og små dødsangste mennesker skal dø? Døden er en universel oplevelse, som vi alle skal igennem. Af milliarder af sjæle har ingen; bortset fra Jesus og nogle få andre store sjæle, fået lov til at vende tilbage til Jorden i det samme legeme, for at fortælle menneskeheden, at det er muligt at vende tilbage i det samme legeme efter døden. Glem alle vildfarelser. Gør dig klar til at gøre Guds bekendtskab, så du ved vejs ende; nok ikke ved afslutningen af dette liv, men efter yderligere et antal inkarnationer, kan få lov til at komme ind i din Far's rige, og blive der for altid.

Konklusioner

Tredje del: Metafysikken - om verden, giver et indblik i visdommen i indisk religiøs filosofi, og åbner en spirituel verden for os, som virker sandsynlig og er med til at give tilværelsen mening og perspektiv. Denne visdomskilde gør de dybe indsigter om baggrunden for livet forståelig, og forsyner os med en række praktiske, mentale redskaber, som vi kan bruge i vores hverdag. Ved, med mellemrum, at huske på, tænke nærmere over, og gøre brug af disse indsigter, kan de medvirke til at højne livskvaliteten, både for os selv og vores omgivelser.

Hvor vi i den vestlige verden opfatter tilværelsen lineært, opfatter den hinduistiske og buddhistiske verden tilværelsen cirkulært, dvs. som et kredsløb. Dette er i bedre overensstemmelse med den grundlæggende videnskab, fysik's forståelse af sammenhængen mellem kræfter, eller energier, og partikler, eller objekter - fra energi og de mindste subatomare partikler til de største galakser - og hvor det er muligt at beskrive alt baseret på de grundlæggende fysiske love.

Hvis det antages at principperne for de fysiske love også gælder for det subtile bevidsthedsplan, uafhængig af tid og rum, kan reinkarnation og karma forklares ud fra en videnskabelig forståelsesmodel. På denne måde kan reinkarnation betragtes som et kredsløb af stof til energi, og vice versa, og karma kan betragtes som et resultat af aktion og reaktion. Vi kender også til en slags karma fra vores hverdag, hvor vi har tendens til at gengælde venlig opførsel (smil, høflighed, hjælpsomhed, etc.) med venlig opførsel, og aggressiv opførsel (fornærmelser, vrede, had, etc.) med aggressiv opførsel.

Afsluttende konklusioner

Hverken videnskab, religion eller metafysik kan fortælle os hele sandheden om vores eksistens. Videnskab og metafysik (afledt af indisk religiøs filosofi) er de to områder, der bidrager mest til at give sandsynlige svar. Tilsammen giver de et sammenhængende billede af tilværelsen.

Til trods for den kendsgerning at videnskaben indrømmer, at chancerne, for at universet opstod ved et tilfælde, er nærmest ikke-eksisterende eller, i bedste fald, usandsynligt små, vil videnskaben ikke gå med til muligheden for et designet univers. Forklaringen herpå er, at en hvilken som helst gud, der måtte eksistere, altid vil være uden for eksperimentel fysiks grænser.

Dog tyder alt på, at universet er skabt ved en bevidst handling af en intelligent kraft af ufatteligt omfang, som ud af sig selv (Big Bang) skabte universet. Denne kraft kaldes Kosmisk Bevidsthed. I de forskellige religioner kaldes den Gud. Da denne kraft er udødelig, evig, bevidst, og intelligent, vil alt hvad der kommer fra den også have disse egenskaber. Følgelig har mennesket også disse egenskaber.

Kosmisk Bevidsthed, eller Gud, er en transcendent virkelighed, som ikke griber ind i hvad der sker på Jorden. Men i fundamentalistiske religioner, som Islam og nogle ortodokse kristne kirker, opfattes denne gud som den nidkære, strenge, dømmende, og straffende guddom, som kan gribe ind i vores liv. Det gør en sådan gud til en grusom og despotisk tyran. Dette indtryk afspejles bl.a. i umenneskelige straffelove i nogle muslimske lande, og svækker sådanne religioners troværdighed.

I de filosofisk udtænkte religioner, hinduisme og buddhisme, er mennesket, gennem sine handlinger, ansvarlig for hvad der sker på Jorden, og derfor ansvarlig for sine egne gode og dårlige handlinger. Det er her reinkarnation og karma kommer ind i billedet. Når vi slutter livet på Jorden, kan vi ikke gå direkte tilbage til Kosmisk Bevidsthed, eller Gud. Vi er nødt til at gennemgå en renselsesproces, som kan strække sig over adskillige inkarnationer. Vi lever skiftevis i den fysiske og den astrale verden indtil vi har renset vores karma, og kan blive genforenet med Kosmisk Bevidsthed, eller Gud. Da undersøgelser har vist, at reinkarnation, højst sandsynligt, er en realitet, undertstreger det disse religioners troværdighed.

Hvad Kosmisk Bevidsthed, eller Gud er, og hvad vi selv virkelig er, vil forblive et mysterium for os i endnu mange inkarnationer. Først når vi har udvidet vores bevidsthed, kan vi begynde at forstå årsagen til vores eksistens. Men hvad kan vi så bruge denne lærdom til i vores nuværende fysiske liv? Vi kan bestræbe os på at leve et godt og retskaffent liv. Og når vi er blevet gamle, affældige, eller alvorligt syge, behøver vi ikke frygte døden, for vi dør aldrig. Vi kan roligt give slip på dette liv, for foran os venter nye liv i nye omgivelser.

Og hvad med vores forhold til Kosmisk Bevidsthed, eller Gud? Det er både et upersonligt og et personligt forhold. Personligt fra et menneskeligt perspektiv, såfremt vi vælger det. Hvis vi ønsker det, kan vi dyrke dette forhold. Vi kan gøre det sammen med andre eller alene, og hvor som helst vi føler trang til det. Den bedste måde at gøre det på, er gennem meditation, men hvad er meditation? Meditation er en proces, i hvilken sindet bliver helt nøgent, i hvilken det bliver renset for enhver tilskyndelse til ophobning af viden eller søgen efter resultater. Det bliver renset for alt det, der er selvet's egentlige væsen. Meditation er at dø fra ophobningen i sindet, ikke at nå frem til en rolig og fredfyldt tilstand. Det forudsætter et årvågent sind. Meditationen må følge enhver tanke og følelse og aldrig sige, at den er rigtig eller forkert, men blot iagttage den og bevæge sig med den. Når vi forstår meditationen, er der kærlighed, og når der er kærlighed, er vi i kontakt med Kosmisk Bevidsthed, eller Gud.

Litteratur

www.google.dk: esa.int, nasa.gov, rummet.dk, rundetaarn.dk, Videnskab.dk, wikipedia.dk

Andersen, Peter: "Hinduisme", Gjellerup & Gad, 1989.

Armstrong, Karen: "Gud i jødedom, kristendom og islam", Rosinante, 2001.

Bluitgen, Kåre: "Koranen og profeten Muhammeds liv", Høst & Søn, 2006.

Bluitgen, Kåre: "Koranen kommenteret", Tøkk, 2009.

Bohm, David: "Helhed og den indfoldede orden", Ask, 1986.

Byrne, James M.: "GOD: Thoughts in an Age of Uncertainty", New Century Theology, 2001.

Danielson, Dennis Richard: "The Book of the Cosmos: Imagining the Universe from Heraclitus to Hawking", Cambridge, MA: Perseus, 2000.

Den hellige skrifts kanoniske bøger: "Bibelen", Det Danske Bibelskab, 1992.

Evans-Wentz, W. Y.: "Den tibetanske dødebog", Strube, 1988.

Grof, Stanislav: Den kosmiske leg", Borgen, 1997.

Huxly, Aldous: "Den evige filosofi", Sankt Ansgar, 1982.

Illustreret Videnskab nr. 13/2013, Bonnier, 2013.

Krishna, Gopi: "Higher consciousness", New York:The Julian Press Inc., 1974.

Littleton, C. Scott: "Østens visdom",
Gyldendal, 1996.
Smolin, Lee: "The Life of the Cosmos",
New York: Oxford University Press, 1997.
Spong, John Shelby: "En ny kristendom i
en ny verden", Anis, 2004.
Woodroffe, Sir John: "The serpent power",
Madras: Ganesh & Co., 1918.
Yogananda, Paramahansa: "En yogis
selvbiografi", Borgen, 1997.
Yogananda, Paramahansa: '"SRF-Lessons",
Self-Realization Fellowship 1997 – 2002.
Yukteswar, Swami Sri: "The holy science",
Self-Realization Fellowship, 1990.